美女是怎样炼成的

生活需要你勇敢坚强

李丹丹　李姗姗　编著

民主与建设出版社
·北京·

图书在版编目（ＣＩＰ）数据

ㄠ活需要你勇敢坚强 / 李丹丹, 李姗姗编著. -- 北
京：民主与建设出版社，2020.4

（美女是怎样炼成的；8）

ISBN 978-7-5139-2858-8

Ⅰ ①生… Ⅱ. ①李… ②李… Ⅲ. ①女性—修养—
通俗读物 Ⅳ. ①B825.5-49

中国版本图书馆CIP数据核字(2020)第064375号

生活需要你勇敢坚强

SHENG HUO XU YAO NI YONG GAN JIAN QIANG

出 版 人	李声笑	
编　　著	李丹丹　李姗姗	
责任编辑	刘树民	
封面设计	大华文苑	
出版发行	民主与建设出版社有限责任公司	
电　　话	（010）59417747　59419778	
社　　址	北京市海淀区西三环中路10号望海楼E座7层	
邮　　编	100142	
印　　刷	三河市德利印刷有限公司	
版　　次	2020年5月第1版	
印　　次	2020年5月第1次印刷	
开　　本	880毫米×1230毫米　　1/32	
印　　张	5	
字　　数	125千字	
书　　号	ISBN 978-7-5139-2858-8	
定　　价	238.00元（全10册）	

注：如有印、装质量问题，请与出版社联系。

  提起美女，我们的眼前就会出现容貌娇美、身材玲珑、笑容甜美的青春女子形象。她们就像春天的花朵，点缀着人生的美景；她们又像夏天的树荫，带给人们清凉和宁静；她们还像是秋天的果实，带给人们幸福和欢乐；她们更像冬天的暖阳，带给人们温馨和喜悦。

  美女的一切都是令人愉悦的，她们柔美、温顺、恬静；她们漂亮、高贵、潇洒，她们是人间的天使，她们是万众的偶像。她们飘然前行于人们仰慕的目光里，她们优雅嬉戏于无限春光中。

  她们中的很多人大把挥霍着自己的美貌和青春，却单单忘记了一件事，那就是韶华易老，青春易失，人生美好的年华只有短短的数年，待到岁月流逝，光华褪尽，一切都成为过眼烟云，她们只会留下人老珠黄的慨叹和无可奈何的哀鸣，以及被忙碌奔波生活磨光所有光彩的衰老躯体。

  而另一种人，她们或许并不美丽，但却有独特的气质；不一定炫目，但一定让人感觉很舒服；她的智商不一非常高，但却有很高的情商，足以让她在生活、工作中游刃有余；她的生活中也有烦恼，但一定可以凭自己的智慧去化解。这样的一个女人，虽然没有过人的容貌，但却能凭借内在的气质，使美丽永驻。

  修炼你的气质，沉淀你的内心，当气质美渗入你的骨髓，纵使岁月无情，你依然能凭着那份灵动、睿智、从容、淡定的气质成为最有魅力的那道风景。那么，女孩到底应该如何提升自己的气质，做个魅力美人呢？

　　本书就是专门为女孩准备的练就永恒美丽的智慧丛书，包括《生活需要仪式感》《优雅的女人最幸福》《动脑大于动感情》《气质女人的芬芳生活》《金刚芭比：做个又忙又美的女子》》《美女当自强》《做个性格完美的女孩》《做个灵魂有香气的女子》《生活需要你勇敢坚强》《把生活过成你想要的样子》10本。它从女孩的学习、工作、生活、习惯等细节入手，用优美的语言，生动的事例深入浅出地讲述了一个女孩应该如何通过修养自己，完善自己，最终使自己变成有内涵、有价值的魅力女性的人生道理，是一套值得每个女孩学习和收藏的珍品书籍。相信通过本套书的学习，一定会对大家迈向积极的人生之路起到极大的指导作用和推动作用。

第一章
生活越苦越要微笑

笑对人生是一种境界。人生在世，谁都不可能一辈子顺风顺水，各种各样的磨难总是会出其不意地出现在我们面前，但是无论世事如何多变，我们唯一不该忘记的就是要笑对人生。因为阳光总在风雨后，只有在经历过风雨的洗礼后，人生才能显得更加多彩和灿烂。

苦难和逆境并不一定是坏事

在人生的长河里，每个女人的成长之路都不可能一帆风顺、事事如意，各种干扰、困惑会经常伴随着我们。可以说，一个女人身处逆境，在现实生活中是正常的现象。很多时候，我们并不能从别人的痛苦中学习到一切，就像俗语所说的那样，我们必须自己受苦，在逆境中成长。

女人应当学会从生命的每个不幸和艰难中不断学习，我们必须学会做一些事情。一些出其不意的机会，往往是在生命中最痛苦的经验里出现的。女人必须面对挑战，让奇迹发生。

意外事故、病痛以及诸如此类的其他挫折并非毫无意义。即使是在最严重的情况下，只要我们愿意去寻找，希望就会存在。即使身体受到伤害，在其后的复原期间，也会伴随着一种独特的内省，或者一个自我发现的机会。

临床心理学家梅尔文·金德写过许多畅销作品，例如《聪明女人／愚蠢选择》《男人爱的女人、男人离开的女人》《欲速则不达》。他形容儿时的一次意外事故如何给他留下深刻印象，最终为他打开创作生涯的大门。

11岁的时候，他跟邻家一个女孩进行骑自行车比赛。他们在宁静的街道上骑车，他骑在马路中间，企图闪开路上弯弯曲曲的坑洞。可突然间出现了一辆车子，迎头撞上了他。

据目击者形容，他当时被撞飞到6米高的空中，落地后一根约有12厘米长的断裂的白色大腿骨，刺进了他的大腿。他当然很惊恐，以为再也不能走路了，至少也会失去一条腿。他在医院住了3个月，医生保住了他的腿。

他出院时，身上从胸部到脚趾仍然还裹着石膏。接下来的6个月，他不得不躺在床上。之后的6个月，他又换了石膏，可以勉强用拐杖走路。

起先他很难过，觉得很难看，并心里暗自认为，一定是以前做错了什么事，因为邻居的其他小孩并没有如此凄惨的遭遇。他变成了"跛子"，成了父母的负担。

同学们来探望他，他让妈妈以各种理由推托，不让同学看见他。他觉得，让同学看到自己现在的样子，很丢脸。他把自己封闭在一个狭小的空间里。

渐渐地，他也认识到，再不能这样下去了，不能因为身体的残疾让心灵也变成残疾。

男孩把目光转向另一个世界，一个阅读文学、历史作品的世界。从此，他每隔两天就央求母亲给他买或是借几本文学历史类的书。徜徉在知识的海洋，他知道了希腊马拉松平原的战争，懂得了兰斯特洛的大无畏精神……

后来，他原本强健、迅速发育的身躯逐渐变得软弱无力了，但这并不再困扰他。复原的日子一长，他成了一名不屋足的读者。

最后，他上了大学。对阅读的热爱与求知的欲望，为他此后杰出的学术成就铺了路，而这一切都归功于他在小时候的那次灾祸。

梅尔文·金德用事实向世人证明：在疾病面前，只要不向生活屈服，勇敢地选择坚强的生活，就永远不会被生活打败。只有经得起生活考验的人，才是真正的强者！

我们女人不必羡慕别人的成功，而应该积极地去争取属于自己的辉煌。一个人没有了金钱，可以靠双手去挣，但如果没有了坚强，那就只能任由困难将她击倒、再击倒，直到一无是处、一无所有。所以，坚强永远比金钱更珍贵，它是人生中一笔不可替代的财富。

为了让女人在人生的道路上能够走得顺、走得远，我们每一个人都应该学会坚强。那么，具体应该怎么做呢？

第一，我们要树立坚定的理想。理想是坚强的航标，是人生成功的蓝图和基石，是人生奋进的路标和动力。有了理想，生活才有方向。当然，有了理想之后，还要为之执着奋斗。

第二，要学会战胜自我。人总是有缺点的，但缺点是可以改正的。我们要勇于战胜自我，这是学会坚强的关键。

第三，要善于发现自己的长处和兴趣爱好。可以说，找到自己的长处和兴趣爱好，就很容易确定自己努力的方向，我们的主动性就能得到充分的发挥。可以说，找到自己的长处和兴趣爱好，是养成坚强性格的捷径。

第四，要持之以恒，善始善终。大凡获得成功的人都是许多年如一日，专心致志、坚韧不拔的人。俗语说"只要功夫深，铁杵磨成针"，愚公能移山，靠的就是恒心；王羲之从4岁开始练字最终成为一代书法大家靠的也是恒心。

有些女性不够成熟，对短期目标尚能坚持，对较长期的目标则常常难以坚持到底，所以女性朋友就更需要锻炼自己做事的恒心，这也是养成坚强性格的一项重要内容。

第五，正确对待失败、挫折、逆境和困难。在漫长的人生中，我们总会遇到逆境和困难，会遭受很多失败和挫折。可以这样说，再伟大的人，也遇到过失败和挫折。奥斯特洛夫斯基在双目失明、全身瘫痪的情况下，凭着坚强和毅力，克服了重重困难，完成了巨著《钢铁是怎样炼成的》。

坚强的性格总是与克服困难联系在一起的，克服困难的过程，最能表现一个人的意志和毅力。因此，女性在学习和生活中，应该正视失败、正视挫折，这些都有利于坚强性格的培养。

人生的道路曲曲折折，在以后的日子里，我们可能会成功，也可能遭遇困难与逆境。困难就像恶魔，我们越是害怕它，它越是张牙舞爪；但困难更是一块试金石，如果我们是一块真金，经过一次次的锤打和考验，就会变得更加坚强。我们要挑战困难，用微笑面对困难；我们要经受磨炼，学会自立自强。虽然自强者未必都能成功，但"不自强而大成者，天下未之有也"。

胜人者有力，自胜者强。女性朋友们，永不退缩，我们终究会成为人生道路上的强者。

抱怨是刀，正在将你凌迟处死

常听有人老是在抱怨生活中的种种苦难、折磨。对他们来说，人生似乎是极大的不幸，还是让我们以极普通、实际的方式来探讨一下这种心态。

如果目前的工作对你毫无困难，老板完全可雇用一个能力不如你的人，来做这些不需多用头脑的例行公事。在企业世界中，有能力解决复杂问题的人，才是雇主最重视的人。

我们经常因为面对问题或挑战，而得到成长或使能力变得更强。有心参加奥运赛跑的选手，如果你往下坡跑来训练自己，绝对没有机会得奖。

反之，如果平日训练的时候就往上坡跑，速度及耐力必定会随之增大，得奖的机会也就大得多了。

拳击选手吉尼·东尼一辈子最幸运的一件事，就是曾经在比赛中打断了双手。他的经纪人觉得他再也不可能用力出拳争取重量级冠军。

然而，东尼却决心做个有头脑、有技巧的拳击家，而不是不顾一切出拳的猛将。

拳击史家可以告诉你，他果真成了拳击史上数一数二的好手。如果他像没有断手之前那样只知凶狠出拳，绝对无法打败最强悍的重量级选手杰克·谭普西。总而言之，如果东尼没有遇到断手的问题，绝不会浴火重生，得到重量级冠军的荣誉。

下一次遇到困难、险阻或任何问题，应该笑着说："我成长的机会来了！"

他首次参加职业高球赛时，穿着网球鞋、两美元的裤子，没戴手套，背着20美元的球袋，以及总价70美元的球杆。

他有啤酒肚，留着络腮胡，打球的姿势也不雅观。他的手抬得又高又远，挥杆画出大约四分之三个圆圈，和一般高尔夫球职业选手教人打球的方式大相径庭。

他是谁呢？他就是最近在世界高尔夫球职业赛中创造佳绩的罗勃·蓝德斯。50岁的他，可以说是最不可能名列职业高球名将的人。如果有人把他写成剧本，好莱坞片商绝对不会花钱买下来。

罗勃从22岁开始打高尔夫球，28岁第一次参加职业赛。1983到1991年之间，他因为背痛无法练习深爱的运动。从那时候起，他平均每周只打一次球。他完全是苦出身，没看过任何相关书籍，也没上过高尔夫球课。

这位球坛名将一生起伏很大，他原先的工作每年有1.8万美元的收入。但是公司倒闭，他就失业了。为了谋生，他只好砍柴出售，因此手臂非常强壮。他有一座小农场，就在农场的房舍和牛群上空打高尔夫球。

为了筹措到佛罗里达州的旅费，以便符合参赛资格，他把手中1万美元的股票以4000美元变卖掉。

　　罗勃·蓝德斯的梦想几乎是个遥不可及的梦，但是他志在必得，利用每一个机会练习，为这项艰难的挑战做准备。他不像有些人那样自怜自怨："我真是命苦呀！"反而以百折不挠的态度，开创了崭新的局面。或许你和我也可以本着相同的态度达成梦想呢！

你要比不幸更残酷，才能坚持到最后

　　日本宣布投降后的第二天，也就是1945年8月16日，玛丽·布朗太太走进位于加拿大渥太华的自家住宅，无边的寂静与空虚顿时包围了她。

　　若干年前，她的丈夫丧生于车轮之下。接着，与她住在一起的母亲也因病去世，更大的不幸还在后面：

　　"当许多钟声和汽笛声都在宣告和平再度降临的时候，我唯一的儿子达诺也猝然离开了人世。我已失去了丈夫和母亲，如今儿子一死，我在这个世界上已没有一个亲人了。"

　　"孩子的葬礼结束之后，我独自走进空荡荡的屋子里。我永远也不会忘记那种空虚的、无依无靠的感觉。我害怕今后的生活，害怕整个生活方式的完全改变。而最可怕的，莫过于我将与哀伤共度余生，这才是最让我感到恐惧的。"

　　接下去的一段日子，布朗太太完全生活在一种茫然的哀伤、恐惧和无依无助的感觉里。她迷惑又痛苦，全然不能接受所发生的一切。

　　她继续描述道："渐渐地，我明白时间会帮助我治疗伤痛。只是时间太空虚了，我必须做些事来填补这些空虚，因此，我再度回去工作。"

"工作使人充实起来，我也逐渐对生活再度感兴趣，如朋友、同事等。一日清晨，我从睡梦中醒过来，忽然认识到所有不幸均已成为过去，以后的日子一定会变得更好。我知道用头撞墙的举止是愚蠢可笑的，是不能面对生活的弱者的做法。对于那些我无法改变的事实，时间已教会我如何承受。"

"这种心路历程进行得十分缓慢，不是几天或几个星期，而是一年、两年，但不管怎么说，它还是发生了。"

"多年过去了，当我回过头去再看那段生活，就会感到自己这只船只虽然历经一场巨大的风浪，如今又重新驶回风平浪静的海面上。"

往往很难让我们相信为什么布朗太太这样的悲剧会发生在我们身上。因此，当悲剧发生时最好先面对它们，接受它们。当布朗太太强迫自己接受失去家人的事实时，心理上便已预备要让时间来治疗这样的痛楚。抗拒命运就像把毒药倾倒在伤口上，是无法让自己开始新的生活的。

我们面对不幸的唯一方法就是接受它。当我们的生活被不幸的遭遇分割得支离破碎的时候，只有时间可以把这些碎片捡拾起来，并重新抚平。

我们要给时间一个机会。在初受打击的时候，整个世界似乎停止运行，而我们的灾难也似乎永无止境。但苦难已经发生，时光难以逆转，活着的人总还得往前走，去履行生命计划中的种种目的。

　　我们只有完成了这些生命中的种种运作，痛楚便会逐渐减轻。终有一天，我们又能唤起以往快乐的回忆，并且感受到被护佑，而不是被伤害的感觉。

　　要想克服不幸的阴影，时间是我们最好的盟友，但唯有我们把心灵敞开，完全接受那不可避免的命运，我们才不会沉溺在痛苦的深渊里难以自拔。

　　不幸遭遇并非都是扼杀人的刽子手，有时候，它还是促使我们采取行动的催化剂，对改善状况大有必要。它能使我们的才智变得灵敏，以帮助我们解决以前难以解决的问题。

　　印度的克里士纳说："人的幸福结局，不是平淡、安稳的喜乐，而是轰轰烈烈地与不幸奋斗。"

　　人的生活会因"轰轰烈烈地与不幸奋斗"而变得更深沉、更多彩，也更丰盛。它会让我们挖掘出深藏在人性深处的资质。这些能力和资源只有经过大苦难、大悲大喜才会苏醒过来，为我们所用。

　　莎士比亚在《哈姆雷特》一剧中曾这么说过："要采取行动以抵制困境。只有对抗，才能结束困境。"

　　你见过美国西南地区的沙尘风暴地带吗？你见过那些无情的沙尘暴摧毁过多少农庄、破坏过多少人的生计吗？你曾感受过那些沙尘，见过那些沙尘，并且日复一日地吞食那些沙尘吗？

　　下面这个故事的主角便是一个自小生活在沙尘阴影下的男孩。他今年21岁，家就住在沙尘暴地带内，双亲为了生存，一生都在与风暴与干旱搏斗。

　　父母去世之后，年轻人便担负起养家的重担。直到有一天，他们实在到了山穷水尽的地步。没有农作物可以收，谷仓里也空空如也，他们就要饿肚子了。

年轻人眼望着破败的农舍，一筹莫展。忽然，他8岁的小妹妹开门走进来，身旁还跟着她的一个好朋友。

"吉米，你可以给我10美分吗？"她热切地问道，"我们想到店里去买些饼干，我们每一个人需要10美分。"

吉米点了点头，因为他想不出一个好理由来拒绝。但他没有10美分，搜遍了全身的口袋也找不到10美分。

他非常羞愧地说："妹妹，非常对不起，我没有10美分。"当天晚上，吉米翻来覆去睡不着觉，因为他永远也忘不了妹妹脸上失望的表情。

在他短短的人生历程中，他曾历经不少打击，双亲去世、工人离职、沙尘暴的袭击……

但没有一次像这样，他居然没有10美分可满足自己年幼的小妹妹这么卑微的要求。就在天色将亮的时候，他下定了决心，要改变自己的生活，改善自己的人生状况，并想好了整个计划。

吉米的理想是当一名教师。但是自从双亲过去之后，他想继承双亲的遗志担负起农场的工作。现在，眼见农场一再受到沙尘暴的摧残，农场的工作已难以为继。于是第二天，吉米到镇上给自己找了一分临时工作。

从那时起，他借来许多书，每天都认真地读到深夜，以准备有朝一日能成为一名教员。经过不懈的努力，后来他终于在一所乡村学校找到教职。由于他努力不懈，诲人不倦，赢得了今居的赞美与尊敬。

这是一种不幸的形式，由于一名小女孩向她的兄长要10美分.这个事件驱使吉米改变生活的方向，并且突破了困难，最后终于达到自己所追求的目标。

人生最大的悲痛莫过于生离死别，但是有时候，某些行动却可以减轻与家人分离的痛楚。这是发生在密西西比州杰克森市一位克文顿太太身上的故事。

克文顿太太有3个小孩，身体状况都不好，仅照顾他们就使她颇费心机。不幸的是，有一天他的家庭医师又告诉她，说她的丈夫得了一种严重的心脏病，随时都有病发身亡的危险。克文顿太太事后回忆说：

"我听了医师的话感到非常害怕，并且开始担忧。我晚上开始睡不着觉，没多久体重便减轻了15磅，医师认为我是过于神经质。

"一天晚上，我又睡不着觉，便自问自己这么担惊受怕是否能改变状况。到了第二天早上，我开始计划自己应该做些有用的事。

"由于我丈夫颇精于木工，能亲手做出许多种家具，所以我要求他替我做一张床头小桌。他答应下来，并且花了好几个下午认真去做。

"我注意到这种工作带给他极大的乐趣。小桌完成后，他又为朋友做了好几件家具。

"除此之外，我们还开辟了一片园地，开始种花种菜。我们把最好的收成都送给朋友，并尽量想出一些我们可以帮助别人的事来做。闲暇的时候，我们还坐下来讨论有关种植果树等种种计划。

"一日凌晨一点多钟的时候，我的丈夫突然病发逝世。我那时才体会到，其实最近这几年，我们一直把这可怕的压力放在一边，过着有生以来最快乐、最有意义的生活。我就是这样面对悲剧，并尽力用最好的方式来接受它，转化它。"

克文顿太太用超人的勇气和毅力来面对不幸，使她丈夫最后几年的岁月过得快乐又有意义，而她自己也因此留下一段美好的回忆。

要想摆脱不幸的阴影，最好的方法便是提升自己去帮助别人。有一位家住威斯康星州的太太，由于她把自己个人的伤痛化成力量，转而去帮助其他陷于痛苦的人，因此，广受别人的敬重。

这位太太的儿子是名飞行员，在第二次世界大期间驾机迎敌血染长空，牺牲时年仅23岁。

虽然这位母亲十分哀痛，却不需要别人的怜悯，她这样说：

我认识许多不快乐的母亲。她们有的因为孩子得了痉挛性瘫痪的疾病；有的则因孩子精神上或心理上不健全，无法正常为社会服务。

当然，还有些妇女是当母亲却一直无法如愿。我有幸拥有一个好儿子，并且与他共度了２３年快乐的时光。我会把这些快乐的记忆永远保留在我的脑海里。

现在，我要服从上帝的意旨，尽可能支持帮助其他需要救助的母亲。

她真的是这么做的。她不辞辛劳地安慰那些因儿子出征而需要帮助的父母，或是出征者本人。

"把自己的心思和精力用来帮助别人，你便没有时间去注意自己的烦恼。"这位母亲的所作所为正是成熟的标志，也是我们某些沉溺于苦难中的人应该学习的课程。

生命并不是一帆风顺的幸福之旅，"不幸"这个恶魔随时都可能向我们发起攻击。我们不能像鸵鸟一样把头埋在沙堆里面，拒绝面对各种麻烦。

麻烦不会因此获得解决。苦难是人类生活的一部分，只有实实在在地去面对，才是成熟的表现。

不成熟的人最常犯的过错，便是遇事不敢面对，一味退缩，一味害怕。许多小孩在游戏的时候，常因自己没有胜算便拒绝玩下去，成熟的成年人便不会如此，他们会一试再试，直到成功为止。

请看康涅狄格州诺维斯市长塞门讲的一个故事，内容是有关一名男孩虽然遭遇不幸，却仍然勇往直前的故事。赛门先生在大学时代有个室友名叫杰克，是个活泼有朝气的学生，后来却戏剧性地离大家远去。以下是赛门先生的叙述：

杰克极有艺术天分，而且是个非常热心的学生。他参加学校各种表演活动，包括幕后工作与幕前的表演。他是学校各种年度表演的总召集人，他还在乐队担任鼓手，可说是多才多艺的全能人才。

离开学校之后，他到一家电视台工作，后来成为电视影片制作人。他极热爱自己的工作，每天都把全部精神和力气投到工作上面。

一天，我突然接到朋友打来的电视，告诉我杰克去世了。这使我异常惊讶和悲痛。朋友告诉我杰克得了一种绝症，但他却从来没有让别人知道。从大学时代他便知道自己来日不多。

我一想到杰克那时的热忱、风趣及积极参与各种活动的精神，实在唏嘘不已。从他身上，我学到了珍贵的一课：除非生命结束，否则绝不停止。

杰克的故事使听到的人无不为之感动，也无不受到他的精神的鼓舞。他选择了最勇敢、最成熟的方法去面对难以拒绝的不幸遭遇。在卡耐基成人训练班里，有位名叫迈克的学员讲了一个类似故事：

1948年，迈克21岁，但已经可以进入军中服役，他在一次战役中受了严重的眼伤，眼睛因此看不见东西。虽然他承受这么大的伤害和痛楚，性格却十分开朗。

他常常与其他病人开玩笑，并把自己配给到的香烟和糖果分赠给大家享用。

医生们为恢复迈克的视力尽到了最大的努力。一日，主治大夫亲自走进迈克的房间向他说道："迈克，你知道我一向喜欢向病人实话实说，从不欺骗他们。迈克，我现在要告诉你，你的视力是不能恢复了。"

时间似乎停止下来，房间里呈现可怕的静默。

"大夫，谢谢你！谢谢你告诉我实情。"迈克终于打破沉寂，平静地回答道，"其实，我一直都知道会有这个结果。非常感谢你们为我费了这么多心力。"

医生走后，迈克对他的朋友说道："我觉得我没有任何理由可以绝望。不错，我的眼睛瞎了，但我还听得见，还能讲话，而且我的身体强壮，还可以行走，双手也十分灵敏。何况，就我所知，政府可以协助我学得一技之长，以让我维持生计。我现在所需要的，就是调整自己的心态，迎接新的生活。"

这位拥有明亮视野的盲眼士兵，由于忙着计算自己所拥有的幸福，竟不屑花时间去诅咒自己的不幸。这便是100%的成熟，也就是我们要面对问题的方法。我们每个人有生之年都要面对这样的考验，无论是谁！

对那些面对厄运只会怜悯哀叹的人来说，这里只有一个答案："为什么不呢？"

上帝并不偏爱任何人。身为一个人，我们都会历经一些苦难，正好像我们也会历经许多快乐一样。

生活的磨难早晚会使我们懂得：在受苦受难的经历里，我们每个人都是平等的。无论是国王或乞丐、诗人或农夫、男性或女性，当他们面对伤痛、失落、麻烦或苦难的时候，他们所承受的折磨都是一样的。

　　无论是任何年纪，不成熟的人都会表现得特别痛苦或怨天尤人，因为他们至死都不明白，诸如生活中的种种苦难，像生、老、病、死或其他不幸，其实都是客观世界的自然现象，是每个人都避免不了的。

试着把负能量变为正能量

　　女性如何才能快乐地生活下去呢？芝加哥大学校长罗伯特·哈金先生说："我一直按照一个小小的忠告去做，这是已故的西尔斯百货公司董事长朱利亚斯·罗森沃德告诉我的。他说：如果你手中有个柠檬，何妨榨杯柠檬汁！"

　　伟大的人物都采取那位芝加哥校长的做法，但是一般人的做法则相去甚远。要是他发现生命给他的只是一个柠檬，他就会自暴自弃地说："我完了！这就是命运。我连一点机会也没有。"然后他就开始诅咒这个世界，开始自怨自艾，自暴自弃。

　　可是，当聪明人拿到一个柠檬的时候，他就会说："从这件失败之中，我可以学到什么呢？怎样才能吃一堑，长一智，怎样才能把这个柠檬做成一杯柠檬汁呢？"

　　美国伟大的心理学家阿德勒花了一生的时间来研究人类和人们所隐藏的保留能力。最后宣称发现人类最奇妙的特性是"把负变为正的力量"。

　　下面要讲述的这位女士的经历正好印证了那句话。这位女士是瑟尔玛·汤普森。

战时，我丈夫驻防加利福尼亚州沙漠的陆军基地。为了能经常与他相聚，我搬到附近去住。那实在是个可憎的地方，我简直没见过比那更糟糕的地方。

我丈夫出外参加演习时，我就只好一个人待在那间小房子里。那里热得要命，仙人掌树荫下的温度高达华氏125度，没有一个可以谈话的人。风沙很大，所有我吃的、呼吸的都充满了沙尘！

我觉得自己倒霉到了极点，觉得自己好可怜，于是我写信给我父母，告诉他们我放弃了，准备回家，我一分钟也不能再忍受了，我情愿去坐牢也不想待在这个鬼地方。我父亲的回信只有3行，这几句话常常萦绕在我心中，并改变了我的一生。

有两个人从铁窗朝外望去，一个人看到的是满地的泥泞，另一个人却看到满天的繁星。

我把这几句话反复念了好几遍，我觉得自己很丢脸。决定找出自己目前处境的有利之处，我要找寻那一片星空。

我开始与当地居民交朋友，他们的反应令我心动。当我对他们的编织与陶艺表现出极大的兴趣时，他们会把拒绝卖给游客的心爱之物送给我。

我研究各式各样的仙人掌及当地植物。我试着多认识土拨鼠，我观看沙漠的黄昏，找寻300万年前的贝壳化石，原来这片沙漠在300万年前曾是海底。

是什么带来了这些惊人的改变呢？沙漠并没有发生改变，改变的只是我自己。因为我的态度改变了，正是这种改变使我有了一段精彩的人生经历。

我所发现的新天地令我觉得既刺激又兴奋。我着手写一本小说。我逃出了自筑的牢狱，找到了美丽的星辰。

瑟尔玛·汤普森所发现的正是耶稣诞生前500年希腊人发现的真理："最美好的事往往也是最困难的。"

20世纪的哈里·爱默生·佛斯狄克也这样说："快乐大部分并不是享受，而是胜利。"不错，这种胜利来自一种成就感，一种得意，也来自我们能把柠檬榨成柠檬汁。

不知你是否听说过佛罗里达州那位快乐的农夫？他甚至把一个毒柠檬做成了甜柠檬汁。

这位农夫用多年积攒的钱买下了一片农场，结果令他非常颓丧。那块地既不能种水果，也不能养猪，能生长的只有白杨树及响尾蛇。

后来他想到了一个好主意，他要把那些响尾蛇变成他的资源。他的做法使每一个人都很吃惊，因为他开始生产响尾蛇肉罐头。

还不仅如此，每年来参观他的响尾蛇农场的游客差不多有20000人。他的生意做得非常大。他将响尾蛇所取出来的蛇毒，运送到各大药厂去做蛇毒的血清；将响尾蛇皮以很高的价钱卖出去做女人的鞋子和皮包；将装着响尾蛇肉的罐头销到了世界各地。

更令人惊奇的是，这个村子后来改名为"佛罗里达州响

尾蛇村"。可见，当地人是多么尊敬这位把毒柠檬做成了甜
柠檬汁的先生！

还有一个断掉两条腿的人，也把负的转为正的。他的名字叫
本·佛森。尽管他断了两条腿而坐在轮椅里，但他看上去却非常开
心。下面就让我们来看看关于他的故事。

"事情发生在1929年，我砍了一大堆胡桃木的枝干，准
备做我的菜园里豆子的撑架。我把那些胡桃木枝子装在我的
福特车上，开车回家。

中途，一根树枝滑到车下，卡在车轴上，当时正是在车
子急转弯的时候。车子冲出路外，撞在一棵树上。我的脊椎
受了伤，两条腿再也站不起来了。

"那一年，我才24岁，从那时起，我就再没有走过一
步路。"

那么年轻就被判终身坐着轮椅过活。他怎么能够这样
勇敢地接受这个事实，"我当时也确实难以接受。整个心
中充满了愤恨和难过，每天都在抱怨命运对自己的不公待
遇。可是随着时间一年年过去，我终于发现愤恨使我什么
也做不成，只有使自己的脾气见长。我体会到，大家对我
那么好，那么有礼貌，所以我至少应该做到一点，对别人
也很有礼貌。"

随着时间的流逝，佛森是否还觉得他所碰到的那一次意
外是一次很可怕的不幸？"不会了，"相反，我现在还很庆

幸有过那一次经历。"

当佛森克服了当时的震惊和悔恨之后，就开始生活在一个完全不同的世界里。他开始看书，对好的文学作品产生了喜爱。

在14年里，他至少读了一千四百多本书，这些书为他带来了一个新奇的世界，使他的生活比他以前所想到的更为丰富。他开始聆听很多好音乐，以前让他觉得烦闷的伟大的交响曲，现在都能使他非常的感动。

更为重要的是，他现在有时间去思想。"有生以来第一次，我能让自己仔细地看看这个世界，有了真正的价值观；我开始了解，以往我所追求的事情，大部分实际上一点价值也没有。"

读书思考的结果，使他对政治有了兴趣。他研究公共问题，坐着轮椅去发表演说。由此他认识了很多人，很多人也认识了他。今天，本·佛森仍然坐着他的轮椅做了佐治亚州州务卿。

现在，很多人都有一个很大的遗憾，就是没有机会接受大学教育。他们似乎认为未进大学是一种缺陷。但告诉你一个跌破大牙的事实，许多成功的人士都没上过大学，因此，上不上大学并没有这么重要。有谁听说过传奇人物阿尔·史密斯的故事？

史密斯的童年非常贫困。父亲去世后，靠父亲的朋友帮忙才得以安葬。他的母亲每天必须在一家制伞工厂工作10小时，再带些零工回来做，做到晚上11点钟。

他就是在这种环境下长大的，有一次他参加教会的戏剧表演，觉得表演非常有趣，于是就开始训练自己在公众场合演说的能力。后来他也因此进入了政界。

30岁时，他已当选为纽约州议员。不过对接受这样的重大的责任，他其实还没有准备妥当。事实上，他还搞不清楚州议员应该做些什么。

他开始研读冗长复杂的法案，这些法案对他来说，就跟天书一样。

他被选为森林委员会的一员，可是他从来不了解森林，所以他非常担心。他又被选入银行委员会，可是他连银行账户也没有，因此他十分茫然。

如果不是耻于向母亲承认自己的挫折感，史密斯先生可能早就辞职不干了。绝望中，他决定一天研读16个小时，把自己无知的酸柠檬，作成知识的甜柠檬汁。

因为这种努力，他由一位地方政治人物提升为全国性的政治人物，他的表现如此杰出，连《纽约时报》都尊称他是"纽约市最可敬爱的市民"。

这位传奇人物就是阿尔·史密斯。

在阿尔开始自我教育后的10年，他成为纽约州政府的活字典。他曾连续任4届纽约州长，当时还没有人拥有这样的纪录。

1928年，他当选为民主党总统候选人。包括哥伦比亚大学及哈佛大学在内的6所著名大学，都曾颁授荣誉学位给这位年少失学的人。

如果史密斯先生不是每天勤读16个小时，把他的缺失弥补过来，他绝对不会有今天的成就。

尼采对超人的定义是："不仅是在必要情况之下忍受一切，而且还要喜爱挑战这种情况。"

如果你对那些事业有成者做过深入的研究，就会深刻地感觉到，他们之中有非常多的人之所以成功，是因为他们开始的时候都有一些会阻碍到他们的缺陷，促使他们加倍地努力而得到更多的报偿。正如威廉·詹姆森所说："我们的缺陷对我们有意外的帮助。"

是的！很可能弥尔顿就是因为瞎了眼，才能写出更好的诗篇来；贝多芬因为聋了，才能作出更好的曲子；海伦·凯勒之所以能有光辉的成就，也就因为她的瞎和聋；如果柴可夫斯基不是那么的痛苦，他也许永远不能写出他那首不朽的《悲怆交响曲》。

如果陀思妥耶夫斯基和托尔斯泰的生活不是那样的充满悲惨，他们可能也永远写不出那些不朽的小说。

开创生命科学的达尔文也说："如果我不是那么无能，我也许不会做到我所完成的这么多工作。"很显然，他坦诚自己受到过缺陷的刺激。

世界著名的小提琴家欧尔·布尔在巴黎的一次音乐会上，忽然小提琴的琴弦断了一根，他面不改色地以剩余的三条弦演奏完全曲。佛斯狄克说："这就是人生，断了一条弦，你还能以剩余的三条弦继续演奏。"

这不只是人生，这是超越人生，是生命的凯歌！

威廉·伯利梭的这句话说得非常好，应该刻在铜板上，挂在每一所学校的教室里：

> 生命中最重要的一件事，就是不要把你的收入拿来算作资本。任何一个人都会这样做。真正重要的是要从你的损失中获利。这就需要有才智才行，聪明人和笨蛋的区别就在这里。

笑着面对厄运，永远不言失败

在成长的道路上，总会遇到许多的困难与坎坷。如果没有坚持，总是放弃，那离成功的道路会越来越远。我们女性要时刻激励自己：没有永远的失败，再坚持一下就能走向成功。

每个人在生活中都经历过失败，在失败之中，每个人的内心都会无比的痛苦。有的人会因为经受不了这种痛苦而丧失自我，更为悲观者则可能会因此而选择轻生，其实作为女性没有必要过分消极地对待自己的失败，而要选择积极的态度去面对失败。

失败很正常，这是每个人必须经历的。成大事者哪个是一帆风顺的？所以我们女性应笑对人生，永远保持乐观的心态。无论跌倒过多少次，无论心里有多么痛苦，无论成功离我们有多远，我们要始终坚信希望就在前方，只要我们坚持奋斗，相信梦想终究能够变为现实！

> 如果在46岁的时候，你在一次很惨的意外交通事故中被

烧得不成人形，14年后又在一次坠机事故后腰部以下全部瘫痪，你会怎么办？

你能想象自己变成百万富翁、受人爱戴的公共演说家、春风得意的新郎官及成功的企业家的情形吗？你能想象自己去泛舟、玩跳伞、在政坛角逐一席之地吗？

米契尔全做到了，甚至有过之而无不及。在经历了两次可怕的意外事故后，他的脸因植皮手术而变成一块"彩色板"，手指没有了，双腿特别细小，无法行动，只能瘫在轮椅上。

那次意外交通事故，把他身上65%以上的皮肤都烧坏了，为此他动了16次手术。手术后，他无法拿起叉子，无法拨电话，也无法一个人上厕所，但以前曾是海军陆战队军官的米契尔从不认为他被打败了。

他说："我完全可以掌握我自己的人生之船，那是我的浮沉，我可以选择把目前的状况看成是倒退或是一个起点。"6个月后，他又能开飞机了！

米契尔为自己在科罗拉多州买了一幢维多利亚式的房子，另外还买了一架飞机及一家酒吧，后来他和两个朋友合资开了一家公司，专门生产以木材为燃料的炉子，这家公司后来变成佛蒙特州第二大私人公司。

交通意外事故发生后4年，米契尔所开的飞机在起飞时又摔回跑道，把他的12条脊椎骨全压得粉碎，腰部以下永远瘫痪！

"我不解的是为何这些事老是发生在我身上，我到底是造了什么孽，要遭到这样的报应？"

米契尔仍不屈不挠，日夜努力使自己能达到最高限度的独立。他被选为科罗拉多州孤峰顶镇的镇长，以保护小镇的美景及环境，使之不因矿产的开采而遭到破坏。米契尔后来也曾竞选国会议员，他用一句"不只是另一张小白脸"的口号，将自己难看的脸转化成一项有利的资产。

尽管面貌骇人、行动不便，米契尔却开始泛舟，他坠入爱河且结了婚，也拿到了公共行政硕士学位，并继续他的飞行活动、环保运动及公共演说。

米契尔说："我瘫痪之前可以做1万件事，现在我只能做9000件，我可以把注意力放在我无法再做的1000件事上，或是把目光放在我还能做到的9000件事上，告诉大家我的人生曾遭受过两次重大的挫折，如果我能选择不把挫折拿来当成放弃努力的借口，那么，或许你们可以从一个新的角度，来看待一些一直让你们裹足不前的经历。你可以退一步，想开一点，然后你就有机会说：'或许那也没什么大不了的！'"

任何一个想要干成大事的人，都要有能够坚持下去的勇气才能取得成功，因为没有永远的失败。一个人克服一点儿困难并不难，难的是能够持之以恒地坚持下去，一直到最后的成功。

有一位著名的作家曾说过："人活着就是为了要含辛茹苦。人的一生必定会承受各样的压力。于是内心总是受煎熬，但这才是真实的人生。曾经的失败并不一定意味着永远失败，曾经达不到的不是永远达不到。"

人生的旅途中充满沼泽、荆棘，也许我们前行的步履总是沉重、蹒跚的；也许我们需要在黑暗中摸索很长时间，才能寻找到光明。但是无论遇到多么艰难的情况，我们心中都要有一个坚定的信念——不放弃。

在通向成功的途中，拥有不放弃的品质是非常重要的，在面对挫折时，要告诉自己：要坚持，再来一次。因为这一次的失败已经成为过去，下次的成功刚刚开始。如果现在放弃，就一定不会获得下次的成功。

有句话说得好："不放弃的人无往而不胜。"所谓的不放弃，是指主动而不是被动的，它是一种主导命运的积极力量。

追根究底、不达目的绝不罢休的精神，正是这种力量的来源。不放弃是成功的磨刀石；学会了等待时机，离成功也就不远了。要记住除非我们放弃，否则我们就不会被打垮。不要因失败而变成一个懦夫，学习历史上那些仁人志士，面对失败，面对挫折，奋勇向前。

所以，从一定意义上说，不放弃是一种能力。不放弃可以令人保持冷静，并做出理智的思考；不放弃能让人在思想放松时保持克制，容忍原本所不能忍受的事情。在寻找成功的过程中，要有坚持下去不达目的誓不罢休的决心，如此，你就具备了自强的重要品质——坚持！

因此，我们女性在做任何事情时都要坚持到底，不能输给自己。成功者绝不会放弃，放弃者绝不会成功。坚持到底，绝不放弃，即使在最后一秒钟也不能放弃。这是所有成功者必备的素质。

要相信，只有坚持，成功才不会离我们太远。"不经历风雨，怎么见彩虹？"永不放弃的自强精神再一次告诉我们：不到最后一刻，就不能轻言放弃。

当有困难绊住我们前进脚步的时候，当失败挫伤我们进取雄心的时候，当我们觉得特别累的时候，不要退缩，不要放弃，只要坚持下去，成功就会离我们越来越近！

顶着生活压力，努力向前迈进

有时候，始料不及的生活挫折和巨大损失，反而可能成为更大收获的转折点。

1980年初期，科罗拉多州的德尔塔和蒙特罗斯区的农民，因为失去一大笔种植大麦的生意，生计顿时成了问题，通货膨胀、利率高涨及许许多多其他问题如潮水般涌来，情况非常严重，于是州长派遣经济小组去说服农民种植具有附加价值的农产品。

约翰·哈洛德是当地的农民，也是知名人物，他决定放手大干，开始种植欧雷甜玉米。1985年，他们输出1.25万纸箱的玉米，如今，每年要出口50万大箱。

其实，欧雷甜玉米原本就是该区西部民众的最爱，哈洛德改善了储存方式及运送过程，使玉米保持最佳状况，更使它成为从亚特兰大到洛杉矶的民众食品。

哈洛德和包括他自己在内的25位农民同心协力，由他担任组织者。他们把收成时间控制为8周一个周期，玉米在田中装箱，每箱四十八穗。

　　装好后，用卡车送往哈洛德2万平方尺的冷藏室。每箱都注入雪泥和冰的混合物，使玉米保持新鲜，75%的玉米都能在离田当天出货，所有的玉米绝不冷藏三天以上。

　　由于使农产品的附加价值增加，德尔塔和蒙特罗斯区的农民为自己开拓了广阔的市场。当然，最主要的还是因为约翰·哈洛德有冒险精神，愿意尝试新事物。

只要你有冒险的精神，愿意放手大干，也可能为自己开辟出一片新天地。有一句话流传已久，但是其中所蕴含的真理至今仍然颠扑不破。那就是"只要一口一口地吃，大象也可以吃得完"。同样的，要改变自己的困窘生活，也可以一点一滴慢慢来。

再讲一则极为温馨感人的故事：

　　密西西比州海地堡，有一位88岁的老太太叫欧席拉·麦卡提，她一辈子都在替别人洗、熨、整理衣物，那些衣服是主人穿来参加各种喜庆、宴会、毕业典礼的，但麦卡提女士从来没有荣幸参加这些盛会。她生活得十分简朴，住的地方也非常简陋。

　　总之，她尽可能节省所有开销，例如把坏掉的鞋子修剪一下，拿来当拖鞋穿。几十年来，她的收入非常微薄，大都是几角钱、几块钱。但她持之以恒、日积月累，竟然累积到15万美元。

　　她把这笔钱捐给南密西西比州立大学，当作非裔美籍学生的奖金。知道这个消息的人都深受感动，说她是全天下最大公无私的人。

该校董事会也一致通过捐赠相对基金15万美元，以这30万美元作为奖学金。

各种媒体对这个消息披露之后，有许许多多人特地来拜访她。麦卡提女士只有一个要求及希望：允许她至少参加一名得奖学生的毕业典礼。她一直希望自己也能读到大学毕业，可惜始终"太忙"。她只希望自己的"忙碌"能使其他人受到她所没受的教育。

一个人拥有多少不是最重要的，重要的是如何运用自己拥有的东西。如果能效法欧席拉·麦卡提，帮助其他人成功，你会比成功的人更感到快乐。

《美国英语辞典》对"压力"的解释是："强迫或鞭策"；"急切、压迫、重要性"；"重点、集中注意力、强调"。看了上面的定义，我们知道压力可以是正面的，也可以是负面的。

压力太大会使人失眠、暴躁易怒、血压升高。但是如果毫无压力，我们也许会对所做的事毫不在意，那就和压力太大一样糟糕。因此，生活还是要有均衡的压力。

我们女性应该如何处理比较轻微的压力，调整到适当的程度呢？在这方面，感觉占有极其重要的地位。压力太大时，大多数人都可以感觉到。因此我们不妨先看看，面对不算太大的压力时，有哪些方法可以加以减缓。

首先要找出造成压力的原因，是因为和同事或家人有误会吗？是因为工作太认真，使日常生活失去了平衡吗？如果如此，应该怎么做呢？如果是人的因素，就尽快找时间和对方谈一谈。

设身处地为对方想一想，如果是你的错，认错道歉就了事了，一点也不丢人。认错表示你今天比昨天聪明，别人反而会尊敬你。

其次，设法发泄压力，找一段时间独处，即使只有几分钟也好。静静地看点书、散散步、放松一下身心，或者换个地方待一会儿，效果都会不错。

试试看，你会发现压力减轻了。还记得艾德蒙·希勒瑞破纪录登上珠穆朗玛峰时，所有媒体都争相报道。虽然他曾经失败过一次，并且有五名向导因而丧命山区，他仍然一夕成名。

英国皇室因为他的杰出成就，颁给他赐予外国人士的最高荣誉，即爵士头衔。多年以后，他又上重点新闻，因为他的儿子也登上珠穆朗玛峰，父子两人还用无线电话机通话。

根据尼泊尔政府所透漏的消息，现在经常有人登上珠穆朗玛峰，甚至有一支37人的队伍在一天之内就登上了珠穆朗玛峰山顶。也曾有7支登山队在半小时内陆续抵达，路途一时为之拥挤，不错，昨日几乎不可能的梦，常会变成今日的家常便饭。

1995年9月6日，有人打破了一项几乎无法打破的纪录。也就是路·吉瑞格的"铁人"特技，他连续打了2130场棒球。一般人原本以为这个纪录必定是空前绝后了，但事实上却被卡尔·瑞普坎打破了，而且他还在继续努力。

另外一项以为无人能破的纪录，是泰·柯柏安打垒，但是也被贝比·路斯打破了。此外，现在有许多12岁小女孩的游泳速度，甚至比当年强尼·魏斯慕勒获得奥运金牌时的速度还要快。

大多数人听到破纪录的喜报时，都会非常兴奋，但是更重要的是，我们女性应该力求突破个人最佳表现的纪录。得到更好的成绩、更好的工作记录、比别人好的更佳纪录，还有许许多多其他的纪录，使你在最重要的游戏，即人生的游戏中，成为一个更强大的人。

这样，你才有能力面对人生的各种困难，你才不惧怕不期而至的各种厄运，并最终赢得人生的辉煌。正如泰戈尔所说："只有经过地狱般的磨练，才能炼出创造天堂的力量。只有流过血的手指，才能弹奏出世间的绝唱。"

第二章

没有人能够替你坚强

人并非生来就是坚强的，大凡坚强者都经受了苦难的塑造：苦难教会了我们成长，苦难教会了我们生存，苦难让我们在困境中越挫越勇，苦难让我们在生活中更懂得珍惜拥有的岁月，苦难让我们变得坚强。

如果在挫折面前低头就能赢，那我愿意磕一个

女性不论是学会适应无常的生活，还是迎接时代的挑战，又或是获取个人的成功，都需要拥有坚强刚毅的性格。

荀子在《劝学》中说："锲而不舍，朽木不折；锲而不舍，金石可镂。"这句话充分地说明了刚毅的性格对于人生的极大作用。

这种性格是通向成功的钥匙，没有它，人们就会像没有翅膀的鸟儿，始终无法飞向蔚蓝的天空。面对满地荆棘的人生道路，只有坚强的意志才能助你成功。

一直以来，人们欣赏无所畏惧的英雄，歌颂征战沙场的勇士。面对挫折，有些人是坦然面对、倍加珍惜，把挫折视为人生路上不懈动力。勇敢地接受上苍的微笑，因为这是在成功路上，上苍给予我们的恩赐。挫折是人生旅途中一座七彩桥，无论有多少沟沟坎坎，有了这座桥，你便可以顺利地跨越，步入理想的自由王国，实现人生的价值和辉煌。

挫折也是磨砺刚毅性格的一块巨石，利用它，你可在砥砺精神的刀锋，开掘生命的金矿，从自信、乐观、勇敢、诚实、坚韧之中找到人生的方向。

人生中遇到挫折就像大自然中的刮风下雨，谁都无法避免。有的人，被风雨击倒了，被挫折征服了，被困难吓倒了，他的人生从此就

变得灰暗了。而有的人，接受了风雨的洗礼，经历了挫折的磨炼，战败了困难的挑战，他的人生从此便一片光明。

世界上最伟大的音乐家贝多芬一生创作出大量流传千古的交响乐，一直被后人称为"交响乐之王"。但贝多芬的一生充满了痛苦：

> 父亲的酗酒和母亲的早逝，使他从小失去了童年的幸福。当别人家的孩子还在无忧无虑地享受欢乐和爱抚的时候，他却必须得像大人一样承担起整个家庭的重任，并且成功地维持了这个差点陷入破灭的家庭。
>
> 也许是屋漏偏逢连夜雨，也许是祸不单行的缘故。正处于青春年华的贝多芬，他失意孤独；也正当他步入创造力鼎盛的中年时，他又患耳疾，双耳失聪。对于一个音乐家来说，还有比突然耳聋的打击更沉重的吗？
>
> 贝多芬一生中几次濒于崩溃的境地，他在32岁时就写下了令人心碎的遗嘱。但他顽强地战胜了命运的打击，他大声呼喊："我要扼住命运的咽喉，它决不能把我完全摧倒。"即便是在困难重重最痛苦的时候，他还是凭着自己的坚强斗志完成了清明恬静但是激昂奋进的《第二交响曲》。

贝多芬一生历经无数挫折磨难，但是，每一次痛苦和哀伤在经过他的搏击和战斗后，都化为欢乐的音符，谱写成壮丽的乐章。一个饱经沧桑和不幸的人，却终生讴歌欢乐，鼓舞人们勇敢向上，这是何等超人的勇气，何等坚毅的精神，何等伟大的人格！

在贝多芬的日记里，永远记着一句话，那就是："谁想收获欢乐，那就得播种眼泪。"的确，贝多芬的一生，本身就是一部同世界、同命运、同自己的灵魂进行不懈斗争的雄浑宏伟的交响曲。

其实贝多芬的故事无不在向我们说着这样一个道理：这个世界，确实存在太多问题，也许有太多不如意，但是生活还是要继续。无论面临什么样的挫折，都可以看作是上帝给予的恩赐，目的是要锻炼自己。

古人说：天将降大任于斯人也，必先苦其心志。心里充满阳光，世界也会充满阳光。也就是说每个人的一生中都会有困难和挫折，唯有抱着积极的态度，才能战胜挫折。

在遭遇挫折，面对困难时，没有必要停滞不前，意志消沉。如同一个突遇风雨的登山者，对于风雨，逃避它，你只有被卷入洪流；迎向它，你却能获得生存。经历过挫折，生命也就会平添了一份色彩，多一份磨炼，就多一段乐章。多一份精神食粮和财富。历经挫折的人，更知道怎样去珍惜生活，更明白生活蕴含的哲理。因为挫折是一道迷人的风景，永远装点奋发的人生。

每个人在生活当中，都会不可避免地遇到一些挫折困难。对此，我们女性决不能低头，而应以一种积极的心态，理智、客观地分析挫折产生的原因，并采取恰当的方法来克服挫折。感谢挫折，生活因此而丰富，人生的体验依次而深刻，生命也因此而更趋完美。

不经历风雨怎么见彩虹。其实没有人能够随随便便成功，只要我们女性以积极健康的心态去面对困难和挫折，就可以做到"不在失败中倒下，而在挫折中奋起"。没有登不上的山峰，也没有趟不过去的河流。

逆境与顺境，从来就是人生之旅中的常客，谁也不可能一帆风顺地走到生命的尽头。害怕失败，失败就会无处不在；挑战逆境，成功之门就会随时为你打开。

　　没有经历苦难的考验，人永远品味不出幸福生活的意义；只有经过挫折的锤炼，人才会珍惜得到的收获。所以勇敢者才能在不断的失败中获得经验，挑战者才能最终走出阴影和黑暗，拥抱光明的未来。

　　几年前，河南一个农村家庭遭受重大变故：父亲突发间歇性精神病，饱受伤痛的母亲不辞而别，家中还有一个年幼的弟弟和父亲病后捡到的遗弃女婴需要照顾……

　　这个家庭的重担压在当时只有12岁的长子洪占辉身上。十年如一日，洪占辉一边读书一边克服难以想象的困难，照看时常发病的父亲，抚养捡到的妹妹……

　　面对这样的变故，他承受了常人难以承受的痛苦，受住了常人难以想象的重担。父亲，妹妹，生活的重担压在他稚嫩的肩膀上，他唯一能做的只是坚持，再坚持！

　　在日记中，他这样写道："我会坚持，我觉得每个人都有责任，不但对自己、对家庭，还有对社会。只是默默地走，不愿放弃。"

　　一份责任让他支撑住，一种永不言弃的心态，让他逐渐成熟，几度面临辍学，他没有放弃，而是凭着自己的一双手，艰难的维持着妹妹的生活、父亲的疾病，自己的学业，这看似没有可能的事情被他在汗与血与泪中见证着。

　　洪占辉曾说过："漫漫人生路总会与挫折碰面，但我明白，鱼儿要游弋于大海，接受惊涛骇浪的洗礼，才会有鱼跃龙门的美丽传说；雄鹰要翱翔于蓝天，接受风刀雪剑的磨砺，才能拥有叱咤风云的豪迈。"

如此艰难的生活让他拥有了刚毅坚强的性格，以至于在人们向他伸出援助之手时，他选择了拒绝，"不接受捐款，是因为我觉得一个人自立、自强才是最重要的！苦难和痛苦的经历并不是我接受一切捐助的资本。一个人通过自己的奋斗改变自己劣势的现状才是最重要的。"

他是这么说的，也是这么做的，虽然在最最困难的时候想过退缩，但最终还是决定了要自强不息，用自己的力量来证明自己的价值。因为他明白只有经过地狱的炼造，才能造出天堂的美好。只有流血的手指，才能弹出世间的绝唱。

美国伟大的演说家爱默生曾说过："每种挫折或不利的突变，是带着同样或较大的有利的种子。"古希腊的伟大的哲学家毕达哥拉斯也曾说过："短时期的挫折比短时间的成功好。"

而生活中这样的人还有很多："当代保尔"张海迪已与病魔抗争了40多个春秋，带给人们宝贵的精神财富和热情洋溢的笑容。在艰辛和病痛面前，他们选择了独立和坚强，选择了责任和担当。在他们看来，只要脊梁不弯，就没有扛不起的重担；只要精神不垮，就没有解不开的难题。

"自古雄才多磨难"，面对挫折，我们女性应当拿出勇气和耐心，主动出击，迎接挑战，直面挫折，笑对挫折，把挫折当作前进中的踏脚石。然后拥抱胜利。因为挫折是福，注定在我们的岁月中搏击风浪、经历考验奠定更加坚固的基础，谱写出美好的人生之歌。

女性应该知道自己能够做什么，应该做什么，必须做什么，更应该知道不应该做什么，不要做什么。因而，保持清醒的头脑远比聪明的脑袋更为重要。女性如果能在坚持与放弃间保持一份清醒，那么成功就在前方的不远处等待着你，微笑着向你招手……

挫折不仅是财富，而且挫折是上帝给我们的恩赐，所以挫折不可怕，可怕的是没有正视它。因为挫折就像一面镜子，你的态度如何，决定了人生的结果如何。挫折会让懦弱者更加懦弱，却让坚强者更加坚强；让自卑者彻底丧失斗志，却让自信者激发挑战的勇气。其实，挫折并不可怕，只要我们女性勇敢面对，你会发现，生活永远向你微笑！

失败很可怕，更可怕的是你不会以此为鉴

在人生的奋斗中，每个人都在追求成功，追求完美。但不是说成功就能成功，要成功就必须努力。在这个努力的过程中经常会遇到失败和挫折。失败乃成功之母。成功的金字塔，高大巍峨壮观，却由一块块失败巨石筑就而成。成功，是彗星划过夜空短暂的璀璨辉煌；失败，则是永恒的灰暗苍穹。

有的人害怕失败，那么只能一事无成。只有不怕失败，才能到达成功的彼岸！失败只是偶尔拨不通的电话号码，多尝试总会拨通的。在每个人的成长过程中总会多次遇到挫折和失败，同时也会领悟到人生的真谛和成功的来之不易。

其实，失败与成功之间只是一线之隔，但是人跨过去，却是一个艰难的过程。有人曾把这个过程比作桥梁，只要不怕失败，勇于攀登，奋勇向前，一定会通过它而走向成功。

　　人们常说，失败是成功之母。失败便孕育着成功。可世人多以成败论英雄，成者王侯败者寇。但在中外历史上，以失败成为悲剧英雄的却大有人在，如被囚禁并老死孤岛上的拿破仑；还有败走麦城、最终身首异处的关羽；四面楚歌、垓下自刎的项羽。事实上，失败对于一个人是十分重要的。一个人在一生中是不可能事事成功的，失败是常事，因此要敢于面对失败，有很强的担当失败的心理素质。

　　成功不是一个海港，而是一次埋伏着许多危险的旅程，人生的赌注就是在这次旅程中要做个赢家，成功永远属于不怕失败的人。因为不论任何时候，失败都只是成功的兄弟，成功总是会伴随着失败，但同时也正是因为无数次失败之后我们才迎来了成功。所以说两个就是形影不离，时刻相伴的兄弟。不怕失败，失败了再重来，这是才最明智的选择。

　　纵观悠悠历史，失败的例子不胜枚举。几乎每一个人做每一件事，都可能失败，如果害怕失败，那么只能什么也不干。只有不怕失败，才能取得事业的成功。失败与成功之间往往有一个艰难曲折的过程，有人把它比作桥梁。古今中外有不少人就是通过这座桥梁才走向成功的。

　　任何一个成功的人在各种紧要关头，都具有临危不惧，不怕失败，顽强拼搏的精神，都能在最艰难的时候，不灰心丧气，并能不断地在失败中认真总结教训，迎难而上，化耻辱为动力，从而增加了成功的机会。而女性更应该懂得这个道理。

　　著名科学家居里夫妇，在提取新元素的实验中，虽然一次又一次地失败，可他们却毫不气馁，信心十足，不断总结，坚持试验。他们终于成功了，发现了镭。在中国近、现代的革命史上，这样的例子屡见不鲜。孙中山先生实践了自己的誓言"愈挫愈奋",最终推翻了清王朝;中国共产党不怕失败,领导人民走向胜利的道路。

中国有一句话叫"失败是成功之母"。失败是成功之母,没有失败哪有成功?人的一生并不是一帆风顺的,不可能只有成功没有失败。重要的是失败后不能气馁,要从失败中走出来,坚持不懈的努力,就会走向成功!

他们的可贵之处就在于跌倒之后有所领悟,而不是莫名其妙地爬起来。每个人都会面临各种挑战,各种机会,各种挫折,这时候你的抉择,你承受的挫折的能力,就是你未来的命运。

"失败乃成功之母",天下没有一个人不经过失败而到达理想的彼岸。连动物、植物在生存中为生活也尝到了很多失败。但成功需要激励。面对失败或成功的结果,失败与成功本身,都是成长中必须面对的经历,关键是你能否从中获取做人做事的教训,从中感悟解决困难、战胜自我的经验,从中增强继续努力争取成功的信念。

就像弱小的蜘蛛为了建造自己的一个家,尝过多少挫折和失败?不知道多少次,它辛辛苦苦织出的网,被大风大雨损毁,被人类损毁,但是它从来没有放弃,而是毫不气馁,信心十足,不断的坚持,终于建成了自己的家!

其实,失败并不可怕,把每一次失败都看作新的起点,坚持不懈,加倍努力,一定会达到胜利的彼岸。失败只是暂时的,鼓起勇气,战胜新的困难,去迎接胜利的明天。笑到最后才是笑得最好的。从这个意义上说,失败者同样光荣。

被人们称为"炸药大王"的诺贝尔为了研究炸药,曾经被炸伤过好几次,付出了沉重的代价,也没有成功。他没有气馁,一次次重复着各种实验，终于发明了炸药。他为世界作出了巨大的贡献。正是从一次次的失败中走出来，他才获得了成功。

　　春秋时期的越王勾践，曾经被吴国打得大败，成了吴王的奴仆。面对这样惨重的失败他不是从此消沉，而是卧薪尝胆，从失败中吸取教训，积累力量，终于战胜了吴国。所以请相信，失败是成功之母。只要你能从失败中走出来，就会走向成功！

　　"错"的一半是"金"，"败"的一半是"贝"。错误或失败并不可怕，可怕的是不懂得"错里淘金""败中拾贝"。

　　俗话说：失败乃成功之母！不经历风雨怎能见彩虹！失败是步向成功的垫脚石。人的一生中，在一个生命周期的轨迹里，必定要亲身经历多次失败，必定要经常品饮失败的苦酒，必定要时常抚摸失败创伤的心灵瘢痕。一个人的一生，没有经历过失败，是不完整的一生，是不成熟的一生。

　　"不经一番寒彻骨，哪得梅花扑鼻香"。每一个成功者都经过了无数次的考验和失败，但是他们都挺起了胸膛，无所畏惧。所以他们获得了成功！每个人心中都有一个梦，要把握住生命中的每一分钟来圆自己的梦。没有人可以随便成功，连丑小鸭也是经过了无数的挫折才变成美丽的白天鹅，成功是要付出代价的！

　　一个烈日炎炎的下午，一位饱受烈日暴晒之苦的人，汗流浃背地拎着两大盒领带，疲惫不堪地走在香港尖沙咀旅游区的洋服店一带兜售。他已经辛苦地奔跑了一个下午，跑了十几家店铺，却毫无所获。

　　当他又走进一家洋服店时，那个洋服店的老板正在十分殷勤地做一位客人的生意。他不知道别人在做生意时，是不准别人打扰的，便拎着领带走进了店里。洋服店的老板像见到瘟神一样，恶狠狠地大声吼叫着把他赶了出去。他见到自己像要饭的乞丐一样遭人呵斥，被人驱赶，一种百感交集的酸楚涌上心头。

没有人来抚慰他，帮助他，他以最快的速度擦去不断夺眶而出的热泪。但他没有半点退缩的余地，他独自舔着流血的伤口，依然重新展露出笑颜，继续走街串户，兜售领带。

当人们历经千辛万苦，终于攀登上梦想中成功巅峰时，短暂的狂喜激动过后，迎接成功者的将是更加严峻的挑战与失败，所以才上演了一幕幕失败、成功，再失败、再成功……

这样永无休止的交替轮回，而更加美丽迷人的成功女神，在远方呼唤吸引着人们！那些成功的人也正在不断地书写着虽败犹荣的历史画卷。

多少个成功者的事例激励着我们走向成功。"不经历风雨，怎么见彩虹"没有人可以随便成功。只要坚持我们的信念就一定会成功，梦想并不遥远，只要肯付出汗水，你不会失败的！相信自己就是成功者！

由于他敢于面对现实，对事业有着锲而不舍的奋斗精神，终于成了一个赢家。他就是海内外知名的领带大王，香港"金利来"集团主席曾宪梓。可见，失败并不可怕，可怕的是自己不敢面对失败、害怕失败，遇到困难就想放弃。

只要把每一次的失败都看作新的起点，看作新的动力，坚持不懈、加倍努力，就一定能成功。在艰难的人生道路上，越是遇到失败越要振作，越要拼搏。其实，失败只是短暂的，只要鼓起勇气，去战胜困难，最后就一定能够成功。

一位哲人说："你的心态就是你真正的主人。"一位伟人说："要么你去驾驭生命，要么是生命驾驭你。你的心态决定谁是坐骑，谁是骑师。"

笑对人生是一种境界。欲说笑对人生，得先说说人间愁事、痛心事，遇上这类事而能自安的，其实便是笑对人生了。更重要的还要有一种平和的心态，做到胜而不骄，败而不馁，那么你就是胜利者，成功者。

西方有句谚语说："年轻的本钱，就是有时间去失败第二次。"等到我们老了，就已经没人肯请我们去工作了，所以年轻时努力奋斗是很重要的。

人生之事世事难料，经常有一些我们难以预料的事会发生，不如意之事十之八九。但是无论世事如何多变，我们唯一不该忘记的就是要笑对人生。

有一首歌是这样唱的："不经历风雨，怎能见彩虹。"是啊，其实阳光总在风雨后，雨后的阳光总是特别的灿烂。只有在经历过风雨的洗礼后一切才显现出了它的真实面貌。

笑对人生，其实便是博爱，是对世界万物的关爱，是胸怀坦荡，是坚韧自强。笑对人生，是物我两忘，是淡泊人生。只要能笑对人生，还有什么痛苦无法承受呢。

世界上没有绝望的处境，只有那些对处境绝望的人。所以失败其实并不可怕，可怕是那些在失败之后没有勇气站起来的人。

最终登上富豪排行榜的刘昌勋的创业史就是一个九死一生的奇迹。由于家庭贫困的原因，他为了减轻家里的负担，他中学还没读完，就辍学经商了，那年他才刚刚16岁。

他看邻居经营药材很赚钱，每月有几百元的利润，这个数字当时在他们那年代是个让人眼红的数目。所以他抱着试试看的态度，买进了20元的板蓝根，背到集上去销售，谁知，不仅当天全部脱手，而且还稳稳地赚了20元，这对他来说是一笔不小的钱。

所以，他坚持做，两个月下来，连本带利达到了500元，这让他尝到了经商的甜头。

由于他还是年龄太小，经验不够，而且做事业也不可能是一帆风顺，当他东凑西凑，最终把叔叔的3000元的抚恤金也拿来做药材生意，却被人骗了，几千元的本全赔了进去，真是让他欲哭无泪。

但刘昌勋并没有就这样被失败给压垮，反而从中总结经验，继续奋斗。尽管失败，但他并不灰心，他心里想，做生意嘛，有赚就会有赔，这是正常的，也正是他这种笑对人生的良好心态，为他下一次的成功奠定了基础。

以平常心对待万事万物，多一些"起舞弄清影"的乐观，"根株浮沧海"的达观，"星垂平野阔"的宏观，"人闲桂花落"的静观，心如止水，笑对人生，只有这样，才能攀上人生的巅峰。

一次失败并没有使刘昌勋萎靡不振，他总结经验，继续奋斗，终于登上了富豪的排行榜。

刘昌勋的事迹说明：奋斗者，破产只是一时；而不去奋斗，则必将一生贫穷。只要你没有失掉勇气，敢于拼搏，就一定会取得成功。

记住以下几点，给自己的意志力来场修行

每一个要克服的障碍，都离不开意志力；面对着所执行的每一个艰难的决定，我们所依靠的是内心的力量。事实上，意志力并不是生来就有或者不可能改变的特性，它是一种能够培养和发展的技能。

"意志力"在词典上意为"控制人的冲动和行动的力量"，其中最关键的是"控制"和"力量"两个词。力量是客观存在的，问题在于如何控制它。

第一要学会积极主动。意志力绝非自我否定，不可将它们相混淆，如果我们将之应用于积极向上的目标，意志力将会变成一种巨大的力量来推动我们前进。

在美国东海岸有位商人，他最近陷入了饮酒过量却不能自拔的苦恼。商人从事的是一种很烦人的工作，而在进餐前喝几杯葡萄酒似乎能让紧张的心情得到放松。可饮酒和累人的活儿又使得他昏昏欲睡，因此常常一喝完酒便呼呼大睡。

有一天，这位商人意识到自己是在借酒消愁，浪费时光。于是他决定不再贪杯，而是把更多的时间用于儿女身上。刚开始时很不容易，常常想起那香气四溢的葡萄酒，但他告诫自己现在所做的事将有所得而不是有所失。

后来的事实证明，他工作的干劲几乎全来自家庭和子女，是他们让他有了前进不止的力量。

主动的意志力能帮助人们克服惰性，使注意力更集中。当你遇到挫折，它助你想象自己在克服它之后的快乐，使你积极投身于实现自己目标的具体实践中，你就能坚持到底直至胜利。

第二要下定决心。某知名心理学教授认为实现某种转变需要四个步骤：抵制——不愿意转变；考虑——权衡转变的得失；行动——培养意志力来实现转变；坚持——用意志力来保持转变。

有这样一些"慢性决策者"，他们当然知道自己应该做什么，但决策时却优柔寡断，结果无法付诸行动。其实人们为了下定决心，可以为自己的目标规定期限，在紧迫感的督促之下，往往会有好的效果。

伊莎贝拉是纽约的一位教师，对如何使自己臃肿的身材瘦下来十分关心。在被选为一个市民组织的主席之后，她就决定减肥6000克。为此她购买了比自己的身材小两号的服装，要在3个月之后的年会上穿起来。由于坚持不懈，伊莎贝拉终于如愿以偿。

第三要有明确的目标。专家曾经研究过一组计划在一定时间内改变自己行为的实验对象，结果发现最成功的是那些目标最具体、最明确的人。其中一名男子决心每天做到对妻子和颜悦色、平等相待。后来，他果真办到了。

而另一个人只是笼统地表示要对家里的人更好一些，结果没几天又是老样子，照样吵架。由此可见，只有笼统的计划没有明确的目标还是远远不够的。

对于我们女性而言，不要总是说些空洞无用的话，如："我打算多进行一些体育锻炼"，或"我计划多读一点书"。而应该具体、明确地表示："我打算每天早晨步行45分钟"，或"我计划一周中一三五的晚上读一个小时的书"。真正付诸行动、以目标来督促才是关键。

第四要对利弊进行权衡。如果你因为看不到实际好处而对当前进行的事三心二意的话，光有愿望是无法使你心甘情愿为之尽全力的。

有个戒烟专家曾对向他咨询的人说，可以在一张纸上画好 4 个格子，以便填写短期和长期的损失和收获。

假如你打算戒烟，可以在顶上两格上填上短期损失："我一开始感到很难过"和短期收获："我可以省下一笔钱"；底下两格填上长期收获："我的身体将变得更健康"和长期损失："我将推动一种排忧解闷的方法"。通过仔细比较，就会比较容易具有戒烟的意志。

第五要积极改变自我。只注重收获远远不够，我们行动的最根本动力源于改变自己形象和把握自己生活的愿望。道理有时可以使人信服，但只有在感情因素被激发起来时，自己才能真正以行动来相应。

麦克有日抽三盒烟的坏习惯，尽管长期吸烟使之身体状况越来越糟，常常咳嗽不止，但他依然听不进医生的劝告，而是我行我素，照抽不误。

"有一天，我突然意识到自己真是太笨了。"他回忆说，"这不是在'自杀'吗？为了活命，得把烟戒掉。"由于戒烟能使自己感觉更好，麦克产生了改掉不良习惯的意志力从而最终改掉了这一坏习惯。

第六要坚持磨炼意志。某心理学家对于人们锻炼意志曾提出过一套方法。其中包括从椅子上起身和坐下30次，把一盒火柴全部倒出然后一根一根地装回盒子里。他认为，这些练习可以增强意志力，以便日后去面对更严重更困难的挑战。

巴雷特的具体建议似乎有些过时，但他的思路却给人以启发。例如，你可以事先安排星期天上午要干的事情，并下决心不办好就不吃午饭。

皮特是加州某篮球俱乐部的明星，除了参加正常的训练之外，他是每天一大早来到球场，独自一个人练习罚犯规球的投篮瞄准。"功夫不负有心人"，他终于成为球队里投篮得分最多的人。

坚强的意志不可能一蹴而就，它是在逐渐积累的过程中一步步形成的。这中间还会不可避免地遇到挫折和失败，必须找出使自己斗志涣散的原因，才能有针对性地把问题解决好。

莫妮卡第一次戒烟时下了很大的决心，但结果却是以失败告终。在分析原因时，意识到需要做点什么事来代替拿烟。后来她买来了针和毛线，想吸烟时便编织毛衣。几个月之后，玛丽彻底戒了烟，并且还给丈夫编织了一件毛背心，效果可谓"一举两得"。

第七要坚持到底。有志者事竟成，这话包含了与困难打持久战并最终将其克服的含义。专家在对戒烟后又重新吸烟的人进行研究后发现，许多人原先并没有认真考虑如何去对付香烟的诱惑。所以尽管鼓起力量去戒烟，但是不能坚持到底。

当别人递上一支烟时，便又接过去吸了起来。对于那些决心戒掉坏习惯的人来说，如果你决心戒酒，那么在任何场合都不要去碰酒杯。倘若你要坚持慢跑，即使早晨醒来时天下着暴雨，也要在室内照常锻炼。做事情最忌半途而废。

最后要乘胜前进。成功是对意志力的肯定和促进。实践证明，每一次成功都会使意志力进一步增强。如果你用顽强的意志克服了一种不良习惯，那么就能拥有继续挑战并获胜的信心。

每一次成功都能使自信心增加一分，给你在攀登悬崖的艰苦征途上提供一个坚实的"立足点"。或许面对的新任务更加艰难，但既然以前能成功，这一次以及今后也一定会取得胜利，正所谓：胜利时，须乘胜追击。

西方一些研究成功学的专家，在进行了大量的调查分析后指出："成功起源于人类的意志力。"这一结论被称为是20世纪人类的重大发现之一。的确，纵观古今中外的历史，凡对当时的社会有贡献的成功者，往往都是那些具有超凡意志力的人。

虽饮冰十年，但请你依旧热血

汉代史学家司马迁在《报任安书》中写道：

　　盖西伯拘而演《周易》；仲尼厄而作《春秋》；屈原放逐，乃赋《离骚》；左丘失明，厥有《国语》；孙子膑脚，《兵法》修列；不韦迁蜀，世传《吕览》；韩非囚秦，《说难》《孤愤》；《诗》三百篇，大抵圣贤发愤之所为作也。

　　司马迁在这里告诉我们，苦难在一个人的成长过程中有着不可代替的作用，它可以让人们变得更加坚强。人并非生来就是坚强的，大凡坚强者都经受了苦难的塑造，凤凰涅槃才能得以永生，千古年来，多少伟人用自己的一生证明着这一点。

　　著名的丹麦童话作家安徒生从小就经历着苦难的磨炼。童年的安徒生住在富恩岛上一个叫奥塞登的小城镇上，那里住着不少贵族和地主，而安徒生的父亲只是个穷鞋匠，母亲是个洗衣妇，祖母有时还要去讨饭来补贴家用。

　　那些贵族地主们生怕降低了自己的身份，都不允许自己家的孩子与安徒生一块儿玩。

　　面对这样的遭遇，父亲看在眼里，气在心里，但是一点也没有在孩子的面前表露，反而十分轻松地对安徒生说："孩子，别人不跟你玩，爸爸来陪你玩吧！"

　　安徒生的家很简陋，一间小屋子，破凳烂床便是家里所有的摆设，但这小小的空间还是塞得满满的，没有给孩子留下多大的活动空间。就在这样的环境下，安徒生开始着他的童话世界。

　　就在这么一间破烂的小屋里，父亲把它布置得像一个小博物馆似的，墙上挂上了许多图画和作为装饰用的瓷器，橱窗柜上摆了一些玩具，书架上放满了书籍和歌谱，就是在门玻璃上，也画了一幅风景画。

父亲常给安徒生讲《一千零一夜》等古代阿拉伯的故事，有时则给他念一段丹麦喜剧作家荷尔堡的剧本，或者英国莎士比亚的戏剧本。

故事的情节令小安徒生浮想联翩，常常情不自禁地取出橱窗里父亲雕刻的木偶，根据故事情节表演起来。

这还不能让他感到满足，他还用破碎的布片给木偶缝制小衣服，把它们打扮成讨饭的穷人、没人理睬的穷小孩、欺压百姓的贵族和地主等，并根据自己的实际生活体验编起木偶戏来。

艰苦的环境没有挡住安徒生在童话世界中的前进，反而让他更加坚强起来，为了童话，他到街头去看油嘴滑舌的生意人、埋头工作的手艺人、弯腰驼背的老乞丐、坐着马车横冲直撞的贵族和伪善的市长、牧师等人的生活，获得各种感性经验，终于成了最伟大的童话作家。

苦难并不可怕，可怕的是在苦难中一蹶不振。只有像安徒生一样，在苦难中变得更加坚强，才能成为生活的强者。作为新时代的女性，要明白惧怕困难只能做生活的奴隶，在苦难中磨炼，变得更加坚强才是生活的主宰者。

苦难教会了我们成长；苦难让我们变得更加坚强；苦难让我们在困境中越挫越勇；苦难让我们在生活中更懂得珍惜拥有的岁月，困难磨炼着坚强的人生。

苦难，是一种有力度的人生体验，是生活给我们最美的馈赠，也是一种有价值的人生境界。对强者来说苦难是阶梯，对于弱者来说则是灾难。

正是由于遭受不幸，才激起了人内心所积存的巨大潜能，促使着人们把它转变成力量，在我们的人生道路上创造完美的轨迹。苦难是磨炼人生的催化剂，加速人们前进的步伐。

总之，苦难能使我们变得更加坚强。因此，作为新时代的女性，要敢于接受苦难的历练。面对苦难，不要一味地埋怨、指责，而要心中充满"长风破浪会有时，直挂云帆济沧海"的豪情壮志，让希望之舟驶向柳暗花明的彼岸。

面对人生中的种种悲伤和不幸，面对突如其来的疾病和死亡，我们女性都应该坦然去面对，要把这些苦难当作一次次磨炼，要在这些磨炼中变得更加坚强。

司马迁身受宫刑，却撰写出一部"史家之绝唱，无韵之离骚"的《史记》；邓小平几起几落，却成为"障百川而东之，回狂澜于既倒"的一代伟人。苦难和挫折没有将他们压倒，却成为他们通往成功路上一张可贵的"通行证"。

我们新时代的女性面对苦难，也要以他们为榜样，在苦难中变得更加坚强，获取一张成功的通行证。

冷静，蛰伏，忍耐，一击制敌

我们常说，凡成大事者都有超凡的忍耐力。勾践卧薪尝胆，韩信胯下之辱，孙膑装疯卖傻，这样的忍耐力可以说已经达到了登峰造极的境界。

忍耐力是一种看似静态的无形的，实质上却是能掀起轩然大波的力量，它往往让人防不胜防。忍让、宽容是人必须具备的修养和品质。一事当前忍为高。

在隆安县乡里村间流传着一个"百忍成金"的民间故事。传说，有个年轻人，从小养成火暴脾气，结果做什么事都不顺，眼看已是而立之年，仍一事无成。

这天，年轻人跑去向一位老翁请教如何才能够做事成功。老翁说："和气生财，你若能忍耐100次而不发脾气，便能成功了！"年轻人就试着照老翁的话去做了。

有这么一天，他家的鸡与邻居家的鸡斗啄，被啄死了。他就非常生气，正要发作，就想起老翁说过的话，马上就把火气强压了下去。

又有一次，一个小孩子跌倒了，额头也被撞伤了，他就去扶起小孩子，并且还给小孩敷药。可小孩子的母亲以为是他撞倒的，就不分青红皂地把他骂了一顿。这可真是冤枉了他！但他却一直想着老翁说过的话，一直强忍着把火气给压下去了，就这样，他先后忍了99次。

等到他结婚之日，亲朋好友正兴高采烈地喝酒，这时，门外来了个乞丐，家人给饭菜他却不要，偏要新郎亲自招待他不可！许多人都说：别理这个疯子。

可新郎官稍加思考，便欣然去见了那乞丐。乞丐对新郎说："我年轻时因为脾气不好，气死了我父母，娶不了亲，今天我来向你请求，我年老了，不敢希望有什么花烛合衾，只求给我在你的新房里睡一晚，我死也瞑目了。"

谁知道老乞丐刚说完，众人便都忍不住，都骂他是个疯子，甚至要赶老乞丐走！新郎官也很恼火，但他想起自己的遭遇与乞丐有些相似，也同情乞丐的不幸，便忍气答应了。那天晚上，新郎让出新房给乞丐睡，自己则和新娘到偏房过了夜。翌日，大家起床了，可乞丐睡的新房仍紧闭着门。大伙儿想去赶乞丐，新郎劝大家说："天还早，让老人家多睡会吧！"

大家一等再等，直至日出三竿，新房里仍无动静。当大家忍不住推门进去时，乞丐早已无影无踪，只见床上有一堆金灿灿的金元宝，元宝上刻着"百忍成金"四个字。

中国有句古训：小不忍，则乱大谋。又说：沉默是金。其实这是与"百忍成金"有异曲同工之效。

天下没有比水更柔弱的东西了，然而在攻坚克强的战斗力上却没有什么能胜过它的。因为没有什么东西能替代它、改变它。弱小可以战胜强大，柔软可以胜过刚硬，天下人没有不知道的，但却很少有人懂得去身体力行。

忍辱方能负重，所以我们在与人相处中，要能设身处地为他人着想，不管你们之间有多大的仇恨或过节，只要你有退一步海阔天高的情怀，能站在对方的立场感受其心情，说不定那时你会自言自语地说：假如是我，可能也会这么做的。

那么你此刻的仇恨也会随心情感悟而舒缓减半，屡试屡想，你的仇恨将会由大化小，由小化无，甚至会化干戈为玉帛。倘若双方都能有这样的心态，人人都拥有如此胸怀。那么人与人之间何愁不能和谐相处。

不过忍也要适度。要因人因事而定度，千万不要忍过了头，金变成铁。无限度的忍是软弱的表现，更是丧失尊严的象征。人失尊严有如行尸走肉。所以一定要量力而为把握尺度，才能百忍成金。

做人凡坚忍者，必成大事。坚忍是一种明退暗进，更是一种蓄势待发。今天的坚忍是为了明天更大的成功。忍耐是很不容易的事情。"忍"字就是"心"上面加一把"刀"。

我国有句古话，叫"忍得一时之气，可消百日之忧"，还有句话叫"大丈夫能屈能伸"，讲的都是忍耐和忍辱的道理。忍辱貌似屈辱、怯懦，但与后者最大的区别在于懂得"有所为"和"有所不为"。而忍耐则是我们制胜的法宝。

忍耐是一种磨砺，是一种意志力的体现，是人与环境、事物对抗的心理因素、物质因素的总和。两军对阵勇者胜，两军相持久者胜。忍耐的极点便是柳暗花明。今天短暂的忍耐是为了明天更大的成功。

越王勾践卧薪尝胆，自污事敌，最后终于复国报仇就是一个最好注解。自古以来，"慷慨赴死易"而"从容就义难"。有的时候，坚持活着比选择死亡需要有更大的勇气。"忍人所难忍，才能成人所难成；忍人所不能忍，才能成人所不能成。"

忍而有度，人不可以有傲气，但绝对不可以没有傲骨！忍则乱而大坏，坏之极而发散，散将至人蹉跎，蹉跎之下，锐气尽消之，先容后残，乃正忍，"忍"是一种高深的修养，是思想的最高境界。

忍小节，成大事。《墨子·扬朱》篇说："要办成大事的人，不计较小事"。孔子告告诫子路说："齿刚则折，舌柔则存。柔必胜刚，弱必胜强。好斗必伤，好勇必亡。百行之本，忍之为上。"这些都说明，一个人在大事业之前若无法忍受小事，将无法成就伟大的理想。

德国著名诗人歌德到公园散步，迎面走来了一个曾经对他作品提出过尖锐批语的批评家，他站在歌德面前高声喊道："我从来不给笨蛋让路！"

歌德却答道："我正好相反！"歌德一边说，一边满脸笑容地让在一旁。歌德以幽默和宽容的方式避免了一场无谓的争吵，也显示了他的大度和忍让。

只有忍让别人的人才会获得他人的尊敬，只有这样的人才能看得更高，走得更稳。海之所以能纳百川，就是因为它的宽广，做人也同样如此，拥有一个广阔的胸襟，才能让你更加潇洒。

人们常说："忍，忍，忍，忍字头上一把刀。"所以忍耐是一件很痛苦的事情，但它表现了一个人的一种意志，更突出了一个人的一种品质，忍耐反映出来的是人的品格。

有这样一则寓言，说的是有个老婆婆，种了一大片玉米。到了秋天，一个颗粒饱满的玉米棒儿就自信地说："因为我是最棒的玉米，所以老婆婆肯定会先掰我！"

可老婆婆来掰玉米的时候，并没有先掰它。玉米就自我安慰说："没事，老婆婆她只是眼神不好，明天一定会把我掰走的！"

第二天，老婆婆又一连掰走了其他几个玉米。一连几天，老婆婆都没有来，玉米沮丧极了："我总以为我自己是最好的，其实我是今年最差的，连老婆婆也不理我，不要我了。"

以后的日子，经历了烈日暴雨的颗粒变得坚硬了，整个身体像要炸裂一般，它准备和玉米秆一起烂在地里。

可是就在这时，老婆婆来了，一边摘下它，一边说："这可是今年最好的玉米哟，用它做种子，明年一定有更好的收获。"

所以，对于每个人来说，几乎在人生旅途上，都要受到命运之神的捉弄。当你不甘心做命运的奴隶而又不能扼住命运的咽喉时，必须学会忍耐。

学会让所有痛苦在忍耐中化为轻烟，学会在忍耐中拼搏，学会在忍耐中锲而不舍地追求。而不是在逆境中轻易放弃。

忍耐是意志的磨炼，爆发力的积蓄，用无声的烈火融化坚冰。生活的沧桑使生命埋下难言的隐痛，忍耐却使人相信，隐痛必将消失，暴风雨过后的天空会更晴朗。

玉米棒儿忍耐了风吹日晒，最终迎来了沉甸甸的收获。使它走向美丽和成熟，使它彰显出生命的辉煌。

白居易有两句诗写道："试玉要烧三日满，辨材须待七年期。"要知道事物的真伪优劣，只有让时间去检验；要识别人才的真伪优劣，也只有让时间去检验。

"路遥知马力，日久见人心。"凡事要拿得起，放得下，不要计较一时的得失荣辱，不要太在意别人如何看待。相信自己，踏踏实实地走自己选定的路，认认真真地干自己想干的事，相信你也会成为那个最棒的玉米。

没有逆境的人生是平淡无味的，是难以塑造我们坚强无比、无坚不摧的魄力与刚毅性格的，只有在逆境中，才能考验我们到底有多大的承受力，有多少挑战逆境的智谋，同样只有这样才能打造极具抗击能力的坚强的自我。

一个人无论如何伟大，相对于悠久绵长的历史而言，总是渺小的。就一个人的一生而言，也往往是逆境多而顺境少。这就要求我们凡事以忍耐为先，这样才有可能能在下一次的战斗中取得更大的成功。

黑夜到来的时候，我们必须忍耐到黎明。寒冬来临的日子，我们只能忍耐到春天。淫雨霏霏的季节，我们同样期盼着雨过天晴。与过分热情的人在一起是一种负累，与木讷的人共处只会觉得沉闷。生命的过程本来就是一种忍耐。

《圣经》中有一句名言："患难生忍耐，忍耐生老练，老练生盼望。"在成长的过程中，苦难是一个试金石，能熔炼出我们内在的深度。承受力和忍耐力，考验着我们的意志，也能发掘出我们内在的潜能和才华。

因为我们懂得忍耐是为了更大的成功，我们向往忍耐之后的美丽阳光。坚忍卓绝的意志，刚毅不屈的气度，才是使我们能够在这充满战火气息的当今社会中，成为真正的强者与成功者的保证。

张耳和陈余是魏国的名士，秦灭魏后，用重金悬赏捉拿二人。两人只得乔装打扮改名换姓逃到陈国。

一天，一个官吏因一小事而鞭抽陈余，陈余想起以前在魏国是多么受重用，何曾受过这般侮辱，怒不可遏，当即想起来反抗，张耳在旁见状不妙，便用脚踩了陈余一下，陈余终于没吭声。

官吏走后，陈余还怒气未消，张耳便数落他一顿："当初我和你怎么说的？今天受到一点小小的侮辱就去为一个官吏而去死吗？"

后来，陈余和张耳的命运就截然不同：张耳成了刘邦的开国功臣，而陈余辅佐赵王，被韩信斩首。一个能忍，一个不能忍，两人的最终命运竟有如此之大的区别！

所以，要想成就大事业者就要学会容忍，辛苦谋生活者要容忍，出门在外祈愿平安者要容忍，急欲摆脱困境者要容忍，商场制胜者更需要容忍……学会容忍，笑看人生。宠辱不惊，闲看庭前花开花落；去留无意，漫随天外云卷云舒。

在面对人生各种问题的时候，千万要学会克制，学会忍耐，而不要像炮捻子，一点就着。这样只会像陈余那样与成功擦肩而过。

也许忍耐是种痛苦，但是在某种程度上学会了忍耐就是学会了收获快乐。因为人活一世，更多的时候需要忍耐，而不伤原则的忍耐往往比无谓的抗争有价值得多！

没有忍耐精神，是不能成就大事业的。懦弱、意志不坚定、不能忍耐的人，不能得到他人的信任与钦佩。只有积极的、意志坚强的人，才能得到人们的信任，才能获得事业的成功。

山巅是属于勇敢者的，怯懦者只配仰望

真正的勇敢者要有足以能面对恐惧的勇气，在遇到挫折时能够昂首挺胸而不卑躬屈膝，在取得胜利时能谦逊谨慎而不趾高气扬。不论什么时候，勇敢都是人们的守护神。而是否具备勇敢这一能力，也很大程度上决定了他们以后的人生道路是否顺利。

我们女性应该知道，逃避是十分懦弱的表现，它除了让自己消沉外，其实不能解决任何问题，只有勇敢地迎上，才能超越自己，超载生命的价值和意义。

学会勇敢就很重要。因为在成长的道路上，勇敢就是成长的垫脚石。只有勇敢，你才会向成功迈进一大步，缺少这种精神和品格，你就可能一事无成。因为勇敢，人生之路才会阳光明媚。

猎物为逃避捕杀，常会竭尽心机、奋勇向前，虽逃不出魔掌，但也死得悲壮。这就是勇敢，人也一样，危急时刻，为逃离火海，有人会从六楼纵身跳下；为脱离无情之水，即使只有一根稻草，有人也会抓住不放。

这是因为他的勇敢，所以在他的心里就会有一点希望，而这一点

希望足以让他有重生的勇气。而具有勇敢品质的人，往往不满足于已有的知识、成绩、现状，不墨守成规；他们的思维总是处于兴奋活跃状态，善于抓住新的知识，归纳出自己独特的见解。

在不同的人的字典里，面对勇敢有着不同的诠释。何谓英雄？何谓勇敢？仁者见仁、智者见智，不少的书里大抵将勇敢分为大勇与小勇：大勇者，为国为天下；小勇者，匹夫之勇也。

做一个勇敢的人，勇敢而充满激情地活着。做一个勇敢的人有勇气面对困难，会尽最大努力去解决困难，这是积极的生活方式。勇敢的人也有魄力，决断力，这样的人成功的机会才会更大。

有这样一个故事，说是一只会变大变小的克鲁鲁狮子的故事。克鲁鲁狮子胆小时就变小，壮起胆子时就又变大起来了。其实每个人都蕴含着非常无穷的力量，我们应该相信自己的强大力量，勇敢起来，我们都可以变得很强大。

做一个勇敢的人，用自己生命的力量化解生活中的遗憾。让我们翻开字典，勇敢的字面解释是：有胆量，不怕危险和困难，为达到既定目标而果断行动，甚至不惜献身的精神和行为。它同怯懦、畏缩、蛮干相对立。

懦夫、懒汉是不愿吃苦的，也吃不了任何的苦。他们在艰难困苦面前，往往望而却步，甚至吓破了胆，他们做不了勇敢的人。古希腊哲学家德莫克利特曾这样说过："勇敢减轻了命运的打击"。

人生常常遇到许多难题，做一个勇敢的人不是一件易事。勇敢不能遗传，人并非天生就具备勇敢的品质。勇敢的获得需要培养，需要锻炼，是在生活的基础上一点一点积累起来的。

真正的勇者，其实是不分年龄与性别的，女性，未必就不勇敢。

　　其实人最大的敌人，不是别人，而是自己。只有勇于面对自己心中黑暗的人，才是最坚强的人。人生中真正的险境，存在于我们的心里。对危险的恐惧，俘虏了我们，让我们看不清人生的真相，只有打破自己心中的屏障，我们才能真正把握人生。

　　所以，勇敢是很重要的一种品质，正是因为学会了勇敢，所以在人生的道路上，不论有多少困难，有多少挫折，我们都不会害怕，更不会畏惧。因为勇敢，让我们的生命变得精彩，绚丽多姿。

　　有人认为：为了生存，动物的第一反应便是勇敢地追逐或逃窜。人也一样，因此，勇敢是一种本能的迸发与冲动。

　　能够勇敢面对生活最典型的例子发生在半个多世纪前，一位饱经战争和疾病磨难、双目失明并全身瘫痪的苏联残疾青年克服重重困难，以口述实录的方式完成了一部小说，这就是我们熟知的奥斯特洛夫斯基和他的《钢铁是怎样炼成的》。

　　　　保尔·柯察金，一生挫折无数，却能勇敢面对，不逃避，珍视生命，在种种挫败下，他一次次地倒下却又一次次地重生，最后，为世人演绎了"钢铁是怎样炼成的"。

　　　　故事的主人公保尔·柯察金出生在一个贫苦的家庭里。他是个正直的青年，他吃苦耐劳，做事勤恳，因此，有许多愿意帮助他的好朋友。

　　　　然而。年轻的他却在生活中时常饱受着病痛的折磨和大大小小的坎坷、困苦。

　　　　他打过工，后来参了军。在战斗的途中，他因为身体不太好，经常昏倒、发烧。

结果，保尔的双腿瘫痪、双目失明，但最后他并没有向困难低头，向病魔认输。历经艰辛，他以一颗平淡的心勇敢地面对了一切。最终，他用笔来当武器将所见所闻写在了纸上，开始新的生活。

著名法国作家、诺贝尔文学奖获得者罗曼·罗兰为小说译本写了序。他在给奥斯特洛夫斯基的信中说："您的名字对我来说是最高尚、最纯洁的勇敢精神的象征。"

我们在为主人公苦难经历和光辉奋斗历程感叹的同时，想到与保尔相比，我们的生活学习条件简直是太优越了，我们没有理由不努力学习，不然的话保尔一定会嘲笑我们的。

对于普通人来说，我们每个人都是一个完完整整的人，而且我们的智力并不差，当我们的生命遇到困难或不测的时候，我们一定要勇敢坦然地面对，千方百计地解决困难，不能轻言放弃，绝不能向困难低头。

只要我们女性拿出对生活坚强的意志和勇气，就会战胜一切困难。生命需要勇敢，每一次的勇敢都是一种超越，每一次的勇敢都是一种蜕变，每一次的勇敢都是一种重生。

第三章

干好工作是你坚强的资本

　　工作是一切事业的基石，是成功的源头，是天才的根本，是生活的调味。只有热爱工作，才能得到最大的幸福和成功，因为天下没有白吃的午餐，更没有天生的推销员、律师、医生……他们的身份都是通过工作得来的。所以，我们一定要有为自己工作的心态，而不应觉得工作是为了他人。

如果你不是天生的赢家，那就老实工作

工作是一切事业的基石，是成功的源头，是天才的根本。

工作能使年轻人比父母更有成就。

把工作所得储蓄起来，就是所有财富的基础。

工作是生活的调味品，爱工作，它才能带给你幸福与成功。

爱你的工作，生活就会甜美、有目标、有收获。

如果你不是天生的赢家，那就请你努力工作。

我们研讨工作的重要性时，希望你保持开放的心。你或许知道，有些人的心就像水泥一样，搅拌好之后，就固定得一成不变。其实人的心像降落伞一样，只有张开的时候才能发挥最大的效力。

有些人诚恳地接受能使生活变得更美好的道理，也知道正确心态、健康自我形象、积极人生哲学能带来的美好、快乐人生。可惜他们经常左耳进、右耳出。再强调一次，如果不去实行，任何实际、美好的理论都只是空口说白话。

许多人找到工作之后就不再认真做事。就像问某些人为公司工作多久，回答常是典型的"从公司威胁要开除我开始"。有人问一位雇主有多少员工，他回答："公司人数的一半。"可见有许许多多人每天上下班，却把工作当成瘟疫一样看待。

刚进入企业时，常听人说爬到高位要牺牲许许多多事。但是几

年后才体会到，大多数出人头地的人并不是"付出代价"，而是真正"乐在工作"。因为他们真心喜爱工作，所以工作就成了享受。本书一再强调正确心态的重要性，也就是这个道理。

　　法国名画家雷诺瓦老年时患关节炎，手部扭曲变形。他的画家朋友马蒂斯看到他只能忍痛用手指夹笔作画，心里非常难过。有一天，马蒂斯问他为什么要强忍痛楚作画，雷诺瓦回答："痛苦会过去，美却是永恒的。"

　　有三件事非常难做，第一件是爬上正向你身上倒下的篱笆，第二件是吻一个用力把身子挪开的女孩，第三件是帮助一个不想要人帮助的人。

　　常听人说："要是有人给我一笔钱，让我付清所有欠款，银行里还能再结余一千元，这辈子我就可以重新起步好好走下去了。"不幸的是，很多人都有这种观念，永远在"等待"别人带领他们迈出第一步。

　　我们赞成在别人需要时伸出双手，但更要坚信："给人一条鱼，只能让他饱餐一顿；教他钓鱼的方法，却可以使他终生受用。"给人一笔钱，并不是助人的正确方法，因为他不是拿这笔意外之财去"还债"，就是去买渴望已久的东西，反倒助长了花钱的坏习惯。一旦养成习惯，就难以改变了。

　　20世纪60年代时，一度风行奖金丰富的彩券，不少人得到7万元、10万元，甚至更多奖金。几年之后，有人对这些得大奖的人进行调查，发现他们当中没有一个人的存款比以往是暴增，因为他们并没有把这笔意外之财储蓄起来，而是恣意挥霍。

近年来，幸运中了州政府百万元彩券的人，往往变本加厉，生活糜烂、家庭破裂、事业失败、朋友离散、形象败坏。免费的午餐不但没有使生活更舒适，反而经常使人得不偿失。

谈到工作给人带来的尊严及安全感时，下面这个例子令人深省。

前几年，瑞典政府向人民保证，政府一定会"照顾"每一个人从出生到死亡的需要。尽管圣经上明白阐释，不工作的人就不该吃饭，还是有许多瑞典人觉得政府"应该"照顾他们的生活。大意是说，瑞典政府言而有信，人民看病、生孩子都不必付费，如果收入不足以维持基本生活，政府也会补足差额。

许多人可能觉得瑞典人非常幸福，没有任何烦恼。事实上，瑞典人在西方国家中的缴税额数一数二，青少年犯罪率不断攀升，吸毒率最快，离婚率最高，上教堂的比率最低。除了这些青少年和中年人的问题之外，老年人又如何呢？这块"安全的乐土"有西欧国家退休人口最高的自杀率。

由此可见，自己建立的安全感与退休计划和别人给你的安排之间，有很大的差异。真正的安全是内在的，一定要自己争取，别人是无法给你的。

　　字典上对安全的解释是免于危险，免于疑虑或恐惧，不必担心。麦克阿瑟将军讲得好："安全感就是生产能力。"能够满足自我需求，因此得到自尊、自信的人，远比靠别人解决问题的人具有安全感。"工作不仅供给我们生活所需，更赋予我们生命。"只有自给自足并且能贡献他人的人，才会真正感到快乐。

　　许多老板都同意，现职人员远比失业的人容易找到好工作。失业越久，越不容易找到工作。找到工作是事业的第一步，最不容易迈出。但是只要有了第一份工作，往上爬就容易多了。

　　许多人找工作时最大的问题，就是对工作要求太多，一心想找"十全十美"的工作或雇主，却没有想到自己未必是十全十美的员工，只知注重薪资、休假、退休等福利。

　　对于想跳槽的人，这些条件当然有商榷的余地；但是对失业或没有工作经验的人，这些要求未免太高了。别忘了，一般人都是由下往上工作，只有盗墓者才从上往下工作——而他们最后总是置身在洞穴中。

　　高楼万丈平地起，任何事都必须迈出第一步。一旦开始，继续往下做就不难了。遇到困难或不喜欢的事，更应该立即动手。等得越久，就觉得越可怕。就像第一次站在游泳池的跳板上一样，越是犹豫不决，跳水的成功率就越小。

愚蠢的另一个叫法是"小聪明"

　　假如你在目前的工作岗位上，每天按时上下班、工作努力、对老板忠诚，接受当初谈妥的薪水，那么你和老板互不亏欠。你做了分内的工作，但还不到让老板加薪的程度。

优秀的老板总是很乐意加薪，但是他经营的不是慈善事业，总得把钱花在刀刃上，你有值得加薪的表现，他才会加薪。换句话说，你必须特别努力、特别忠心、特别热忱、额外加班、多承担责任，才有可能加薪或升职。

只要你有表现出色，给你加薪的人应该是你目前的老板，否则也会有别人给你加薪。俗话说："一分耕耘，一分收获。"

> 小时候，金克拉在一家杂货店帮忙，经常到处跑腿。他们店的对面也是一家杂货店，店里的伙计名叫查理，他整天忙个不停。
>
> 有一天，金克拉问他的老板安德森先生，为什么查理总是那么忙。安德森先生说查理希望老板加薪，他一定能如愿以偿。因为即使对面的老板不加薪，安德森先生也会给他加薪。

的确，只有这些额外的努力才会带来额外的收获。没听说有人只做分内的工作就会成大功、立大业。一般人都愿意在一周上班的四十小时内做分内的工作，但是超过这个限度之外，大多数人就没有兴趣。没有人竞争，要想加薪或升职就比较容易了。

19世纪五六十年代，经济非常不景气，看到大人每天早上出门，千辛万苦地找工作，只要正当就好，别无所求。一旦找到工作，那种欣喜若狂的心情给令人印象深刻。工作给予我们的不只是生计所需，也是一种特权，同时也为以后的生活铺路，就像下面这个小故事一样。

　　一位农夫有好几个儿子，他要他们辛勤地在田里工作。有一天，邻居对农夫说，孩子们不必工作得这么辛劳，也一样会有好收成。农夫坚定地回答："我不只是在培育农作物，也是在培育儿子。"

接着讲一个关于洛杉矶老人的故事。

　　很多年以前，有一群家猪从某个村子逃进遥远的山里。过了几代之后，这些猪越变越野，甚至对往来人构成了威胁。村里的猎人多次上山找寻，都无法猎杀它们。

　　有一天，外地来了一个老人，用小驴子拖着一辆车，车上装满了木板和谷子，准备上山抓野猪。村人都嘲笑他，不相信他能赤手空拳做到猎人办不到的事。但是几个月后，老人回到村里告诉村人，野猪已经被困在山顶的猪圈里了。

　　老人解释抓野猪的经过："我先找到野猪平常觅食的地点，在空地中间放些谷子引诱它们。野猪起初很害怕，可是忍不住好奇心，它们的领袖带头在谷子旁边闻来闻去，终于尝了第一口，其他野猪也跟着吃了起来。我当时就知道它们一定会成为我的猎物。

　　第二天，我又在空地上多放一点谷子，并且在几尺外立了一块板子。它们起初对板子很害怕，可是又抵不住白吃午餐的诱惑，所以不久又回来吃谷子。

　　就这样日复一日，我终于把捕捉野猪的环境布置好了。每次我多加一块木板，它们都会退缩一阵子，但是后来又会忍不

住回来白吃一顿。猪圈完全盖好时，它们早就习惯不劳而获到

这里吃谷子，所以我轻轻松松就逮到所有的野猪了。"

这是个真实故事，道理简单。让动物依赖人获得食物，就夺走了它谋生的能力。人类也是一样，想要使一个人跛足，只要给他一根拐杖——或者长期给他"免费的午餐"，让他习惯不劳而获，他就只能听命于你了。

你刚刚跳槽到一个薪水很高的单位，但不久就发现，老板是个脾气暴躁、为人粗鲁的人，下属稍有过失便大发雷霆，出言不逊，有时言语还严重刺伤人的自尊心。有一天，这种祸事终于降临到你头上了。这时候，你该怎么办？

很多人梦想找到一份十全十美的工作，老板又好，薪水又高，但这样的美梦并不是每个人都能实现的。不少人肯付出很多代价只为换取一个薪水很高的工作或职位。而你，既然处于很大的优势，其他方面有一些小的牺牲也是理所当然的。

如果老板真是个脾气暴躁、为人粗鲁的人，这也给了你一个表现自己宽容、大度的好机会。另外，就算他不分青红皂白就出言不逊是大错特错，但是，要是你把这当成鞭策自己上进的动力，对待工作一丝不苟、精益求精，从不出现任何闪失，难道他还能鸡蛋里面挑骨头不成？

再说，忍受他大发雷霆的人又不止你一个，其他同事如何面对呢？这样在潜意识中可以为自己找来点心理平衡。

当然，一贯纵容他的恶语伤人也不是长久之策，只是做搭档，找一个适当的时机，你假装和你的同事在工作中发生了意见分歧，然

后，你把老板平时最爱挖苦人的话全盘托出，再让你的同事以"不问是非、恶语伤人、影响团结"等等为由逐一反驳。也许，你的老板真能从旁观者清的角度获得一些感悟呢！

每个人的性格是不一样的，遇到一个脾气暴躁的老板也不奇怪。如果有一天因为你的小过失遭到他出言不逊、大伤自尊心的指责，解决问题的方法应该是：首先，等老板把话说完后，承认自己的过失，然后告诉他你想出来的补救措施。这样，老板一定会消了心头之火，如果老板是个讲理的人，听了你的一番话一定会感到内疚。

想一想老板为什么这样做，理解老板的意图，然后调整自己的行为。墨菲认为这是比较有益的方法：既可以促进这份满意的工作，又可以理顺与老板的关系。

其实，老板的意图并不难理解，关键在于能否做到"设身处地"和"将心比心"，只要真心去理解，就能够做到谅解，但是若不想去理解，那永远也无法得到真正的相互谅解。例如，你是否理解老板的处境，他之所以脾气暴躁又出言不逊，也许是出于无奈或是迫不得已，或是工作压力过大，或是与他的地位和出身有关。

你既是他的下属就应该对他敬让三分。

只有你所选择的事业与你的能力、体格和智力相和谐，同时还须适合自己的个性，使自己能胜任并愉快地从事这一职业，你才会永不抱怨。

为什么有很多人会怨叹工作的不幸和人生的无聊呢？一个重要的原因就是他们正从事着与自己的兴趣个性相冲突的职业。

如果你所选择的职业不适合你，那就不可能有实现成功愿望的奇迹出现，不但不会有成功，而且还会剥夺你做人的兴趣。当今社会，大多数人都没有考虑到这一层关系，他们喜欢做着他人看来很体面的工作，而工作本身的特点却不在考虑范围之内。

世上不知有多少人因为只考虑工作的体面而断送了一生的幸福，他们以为体面的工作肯定是成功的捷径，而不管自己的性格、才能是否与之相称，原因在于他们完全不懂得成功的真正意义。

如果你认为自己在事业上缺乏足够的才能，那么还是抛弃这种事业为好。否则，你一生的结局一定是后悔和失望。

选择终身的职业是一件颇费周折的事情，在决策之前，必须先剖析自己的才能与志趣，要深思熟虑地加以考察，职业的重要方面与自己的志趣相合，而且的确能够胜任，这才算得上是选择了最适合自己的职业。

一个人一旦选择了真正感兴趣的职业，工作起来也会特别卖力，总能精力充沛，意气焕发，能愉快地胜任，而决不会无精打采、垂头丧气。同时，一份合适的职业还会在各方面发挥自己的才能，并使自己迅速地进步。

你一旦有了想从事某种职业的愿望，就要立即打起精神，不断地勉励自己，训练自己、控制自己，只要有坚定的意志、永不回头的决心，不断地向前迈进，做任何事情都有成功的希望。

在选择职业时，你固然要对某些问题深思熟虑，譬如自己是否能胜任？是否真的有兴趣？但当你作出了这些实现愿望的决定后，就不能再三心二意了。你必须集中所有的勇气和精力全力以赴，你要不断鼓励自己，要有与一切艰难险阻做斗争的勇气，要不怕吃苦、不怕碰壁，更要远离对失败的恐惧。

任何职业只要与你的志趣相投，你就绝不会陷于失败的境地。但是，在工作的过程中，有人常常容易受到外界的诱惑，受制于自己的欲望，便把全部精力放在不好的勾当上去了。

想获得成功，你就必须为自己设计一个一生的职业计划，然后集中心思、全力以赴地去执行这一计划。凡是能成就大事的人遇到重要的事情时，一定会仔细地考虑："我应该把精力集中在哪一方面呢？怎么样才能使我的品格、精力与体力不受到损害，能获得最大的效益呢？"

你应该选择一个最适合自己发展的环境，在这一环境中，竭尽全力去把事情做得尽善尽美，以此来实现你期望的目的。你所选择的工作一定要适合你的性格、才智和体力。总而言之，一开始做事的时候一定要先迈开步伐，然后才能大踏步前进，在一个适合自己的环境里，我们做起事来才能感到顺畅愉悦。

你在就职时抱着什么样的想法选择职业和公司？可能很多人都会这样想"希望选择好的职业""想在安定的公司内上班""加班少薪水高的公司比较好。"

虽然这种想法是百分之百无法否定的，但是，如果太拘泥这些想法就会影响到你事业的发展。

大学毕业的时候想"那种职业是现在的时髦产业，将来一定有发展空间"，所以进入该公司就职。但是如此选择的公司，进入5年之后就可以看见未来，届时则很可能会产生"什么嘛，比起当初所想的差多了"而感到失望。

现在的大公司也有可能会突然遭遇破产的厄运，今后会发生什么事都是不足为怪的。即使现在公司业务发展顺利，但数年后会是什么情形是谁都无法预知的。

为公司的外观规模所迷惑，不小心选择了不适合自己行业的人也不少，从长远眼光来看，这些人以后一定会后悔。

怎么说呢？理由很清楚，因为不能喜欢这份工作。既然无法喜欢，也就提不起干劲。所谓提不起干劲就是不论经过多长时间，都无法取得成绩，也无法发挥能力，这样一来，即使反复想着"事业成功"的念头，也是无法有长进的。

因此在选择职业时，绝对不能为公司外观规模所惑。最重要的一点就是从事自己喜欢的工作，如果是自己喜欢的工作，热情和信念就会泉涌而出，即使努力也不觉得辛苦，而且能够更加积极。

那么如何选择适合自己的工作呢，这就要看自己有什么样的天赋了。

为了发现自己的天赋，可以去察觉自己特有的能力，专心致力于自己觉得兴奋不已的事情，这一点我们在前面的"法则63"中已经提到了，或许有人会这样疑问："即使如此，可还是找不到自己的天赋。"

建议这样的人准备笔和纸，把自己的特性列出来，使自己的特性更为明确化。

第一，把自己的性格中的长处写出来："喜欢和人会面""不拘小节""仔细而认真"等，借着认识自己，找出能发挥自己能力的职业。

第二，写出自己擅长的事情。这可追溯到孩提时代，"擅长于音乐""擅长写作""数学成绩出类拔萃"等，这将会成为发现自己天赋的提示。

第三，写出到目前为止自己人生中享受过的事情，这也可以追溯到孩提时代。有人听从建议去实行，而想起"中学的时候把收音机拆开重新组合，感觉非常快乐"而从推销员成功转行为技术人员。

第四，写出热衷的事情。假设有人有这样的回忆："高中时代参加文艺社，热衷写作，那时总觉得时间一转眼就过去了。"现在开始也不迟，应该从事写作工作，或和大众媒体有关的工作。如果能够热衷就不会觉得辛苦，也不会觉得厌烦这样的事。

以上几项建议，究竟自己适合什么职业呢？请好好地想想。到底什么样的工作关系到自身价值的创造和自我实现呢？比起笼统模糊的思考，现在应该更明确了吧。

切记，在决定你一生的事业时，唯一的定律是："你所从事的事业，必须是所有可能的事业中你最能胜任的。"

如果想要以自己的工作为途径实现愿望，首先应该为工作营造一个心情快活的理由。

如果年轻的厨师想早日使自己的手艺精湛，只是想着"我要做美味的料理"，就以为能实现心愿，那是天方夜谭！不只是"要做美味的料理"，而是要抱着"做美味的料理是上天赐予我的最完美的工作"的念头，料理的手艺就能进步了。为什么呢？因为如果这样想的话，做菜这件事就会变成一件愉快的事情。

如前面所说，殷切期盼的事情必会实现，人生确实是应该依照愿望中的规划去发展。但走错一步，最先产生的就是焦虑，而焦虑过度就会陷入"总是止步""事情总是不按自己的意思发展"的负面情绪。这样一来，负面的念头就可能被输入到潜意识中。

相反，如果能想着"工作是最完美的使命"或"完成这个工作是自己的使命"的话，就不会产生工作是公司委派的任务或因为上司的命令才行动的情绪。

希望大家采取把自己完全委托给潜意识的生存方式，把自己做的工作当成是一件极其快乐的事情，而不只是听天由命。

例如想挑选某一件事情的时候，我们容易以自己的尺度去思考事情而行动，然而过分考虑自己，就会形成以自我为中心的情况，这样对实现成功的愿望不会有什么好处，所以应该要以"对他人有益，对社会有益"的意识来思考问题，这样不但会产生积极的心态，同时也会给你以工作上的快乐。

如果"对社会有贡献、为他人服务"这样的意识形成行动的精神力量，成为思考核心的话，那就不会只意识到自我，而是能进入忘我的境界，形成符合潜意识的生存方法，如此一来，就会有——"即使遭遇到麻烦或困难，潜意识也一定会将你引向好的方向"的心境，更进一步关系到积极的想法——正面思考的坚定信念。

要看一个人能实现自己成功的心愿，只要看他工作时的精神和态度就可以了。如果某人做事的时候，感到受了束缚，感到所做的工作劳碌辛苦，没有任何趣味可言，那么他决不会做出伟大的成就。

一个人对工作所具有的态度，和他本人的性情、做事的才能，有着密切的关系。

一个人所做的工作，就是他人生的部分表现。而一生的职业，就是他志向的表示、理想的所在。所以，了解一个人的工作，在某种程度上就是了解其本人。

如果一个人轻视自己的工作，而且做得很马虎，那么他决不会尊重自己。如果一个人认为他的工作辛苦、烦闷，那么他的工作决不会做好，这一工作也无法发挥他内在的特长。

在社会上，有许多人不尊重自己的工作，不把自己的工作看成创造事业的要素，发展人格的工具，而视为衣食住行的供给者，认为工作是生活的代价、是不可避免的劳碌，这是多么错误的观念啊！

人往往就是在克服困难的过程中，产生了勇气、坚毅和高尚的品格。常常抱怨工作的人，终其一生，绝不会有真正的成功。抱怨和推诿，其实是懦弱的自白。

在任何情形之下，都不允许你对自己的工作表示厌恶，厌恶自己的工作，这是最坏的事情。如果你为环境所迫，而做一些乏味的工作，你也应当设法从这乏味的工作中找出乐趣来。

要懂得，凡是应当做而又必须做的事情，总要找出事情的乐趣，这是我们对于工作应抱的态度。有了这种态度，无论做什么工作，都能有很好的成效。

一个人鄙视、厌恶自己的工作，他必遭失败。引导成功者的磁石，不是对工作的鄙视与厌恶，而是真挚、乐观的精神和百折不挠的热情。

无论你的工作是怎样的卑微，你都应当有艺术家的精神，应当有十二分的热忱。这样，你就可以从平庸卑微的境况解脱出来，不再有劳碌辛苦的感觉，你就能使自己的工作成为乐趣。而厌恶的感觉也自然会消散。

一个人工作时，如果能以顽强不息的精神，火焰般的热忱，充分发挥自己的特长，那么不论所做的工作怎样，都不会觉得工作上的劳苦。如果我们能以充分的热忱去做最平凡的工作，也能成为最精巧的工作；如果以冷淡的态度去做最高尚的工作，也不过是个平庸的工匠。所以，在各行各业都有发展才能、增进地位的机会。

在我们的社会中，实在没有哪一个工作是可以藐视的。

一个人的终身职业，就是他亲手制成的雕像，是美丽还是丑恶，是可爱还是可憎，都是由他一手造成的。而一个人的一举一动，无论是写一封信，出售一件货物，或是一句谈话，一个思想，都在说明雕像或美或丑，或可爱或可憎。

无论做什么事，务须竭尽全力，这种精神是可以决定一个人日后事业上的成功与失败。如果一个人领悟了通过全力工作来免除工作中的辛劳的秘诀，那么他也就掌握了达到成功的方法。倘若能处处以主动、努力的精神来工作，那么即使在最平庸的职业中，也能增加他的权威和财富。

不要使生活太呆板，做事也不要太机械，要把生活艺术化，这样，在工作上自然会感到有兴趣，自然也会尽力去工作而达成自己的愿望。任何人要实现自己的愿望都应该有这样的志向：

做一件事，无论遇到什么困难，总要做到尽善尽美。在工作中，要表现自己的特长，发展自己的潜能，不能因工作的卑微而自我轻视。如果你厌恶自己的工作，会必遭失败。

生活回报你的力度，取决于你对待生活的态度

记得几年前，一本体育杂志上有这样一则广告，说是可以教打猎者节省子弹的方法，上面还说："欲知详情，请寄一美元。"许多人都寄钱去求取"秘方"，得到的回复是："只开一枪就好。"虽然这个广告有欺骗人的嫌疑，很多人也都会对这个答案愤怒不已，但它的确有几分道理。克里斯·辛克尔就是一个懂得不乱开枪、以免浪费子弹的人。

克里斯·辛克尔是历史上担任体育新闻播报员最久的人。四十多年来，许多人口中的"体育新闻大好人"指的就是他。

他总是能发掘别人的长处，而且完全是发自内心，毫不做作。有人认为他批评得不够尖锐，给予运动员过多的赞美，辛克尔的回答是："这就是我做人的原则。"

克里斯·辛克尔想要当体育新闻播音的梦想，早在20世纪30年代开始萌发。他仔细听收音机里的棒球赛，研究播音的风格。父亲买了一台早期的录音机给他，他就把比赛录下来，仔细模仿播音员的风格。

进了波都大学之后，克里斯每逢暑假都在印第安纳州蒙夕市一家电台打工。1952年，他开始担任美国国家广播电台的代理播报员，后来又在电视上替纽约巨人足球队担任后备播音员。他的目标永远是施展全力，表现自己最好的一面。

今日的克里斯·辛克尔是美国数一数二的体育新闻主播。他之所以有这样的地位，是因为了解自己、能发掘别人的长处、努力不懈，并且不随便乱开枪。希望每个人都能像他一样："用行动表现自己。"

实际上，只有在你自己付出了许多的同时你才会获得许多。你越是展示自己的才华，心地越是无私，越是慷慨大方，越是毫无保留地与别人交往，你获得的回报也就会越多。要得到多少，你就必须先付出多少。任何东西只有先从你这儿流出去，才会有其他东西流进来。

总之，你从别人那儿获得的任何东西都是你原先付出的东西的回报。你在付出时越是慷慨，你得到的回报就越丰厚。你在付出时越吝啬、越小气，你得到的就越是少得可怜。你必须是出于真心的、慷慨的给予，否则，你得到的回报本应是宽阔的大河，但实际上你只得到了一条浅浅的溪流。

一个人如果能够利用各种可能的机会去探知生活的方方面面，他可能会获得全面而均衡的发展，然而他忽略了培养自己在社交方面的才能，结果是除了自己那点儿少得可怜的特长外，他仍然是一个能力上的侏儒。

错过与我们的同辈，尤其是那些比我们更优秀的人交流的机会，这将是一个极大的错误，因为我们本来可以从他们身上学到一些有价值的东西。正是社交活动磨掉了我们身上粗糙的棱角，让我们变得风度翩翩、优雅迷人。

只要你下定决心抱着付出的心态开始你的社交生活，把社交生活当作一个自我完善的过程，希望借此唤起你身上最优秀的品质，挖掘你因为缺乏锻炼而沉睡着的潜能，你就会发现，自己的生活既不沉闷也不徒劳。但要记住，你必须先付出点什么，否则你将一无所获。

当你学会了把你遇到的每一个人都看作是一座宝库，那么每一个人都能够充实你的生活、能够丰富你的人生阅历、增长你的人生经验、能够让你的性格更完美、处事更成熟、让你不断地得到达成愿望的机会。

每一个有成功愿望的人，都会把每一次经历看作是一次学习的机会。无论你是朝气蓬勃的青年还是白发苍苍的老人，真诚坦率都是令人愉悦的品质之一。

那些坦诚率直的人，那些光明磊落的人，那些从不刻意掩盖自己缺点和不足的人，没有人会不喜欢。

　　一般来说，这些人都心胸宽广，慷慨大方，愿意付出。他们会唤起别人的爱意和自信，用他们纯朴与直率换来别人的坦率与真诚。

　　相反的，躲躲闪闪、遮遮掩掩、不愿付出会让人生厌。这种人总是企图遮盖或是掩饰什么，让人不由得心存怀疑，结果就失去了别人的信任。

　　没有人会相信有这种品格的人，尽管他们表现得看来与那些有着阳光般坦率明朗性格的人一样亲切随和，平易近人。

　　与这种人相处，如同搭乘一辆公共汽车在漫漫黑夜中行路，感觉夜深，路更长，行程让人如坐针毡，我们会心神不宁，焦虑不安，甚至痛苦难当。这种人也许与我们相处得和睦融洽，可我们总是疑心重重，不敢随便报以信任。

　　无论他是如何的举止优雅，如何的彬彬有礼，我们也会不由自主地认为，这种优雅举止下面一定含有某种动机，这种亲切随和后面必然藏有某种不可告人的目的。

　　他总给人神神秘秘的感觉，因为他在生活中都是戴着一张面具。他总是竭尽所能掩藏起自己品质中所有令人不快的一面。只要他努力做到这一点，我们永远也无法看到他真实的一面，无法了解他到底是一个什么样的人。

　　然而，另外一种人和他们是多么的不同啊！心胸宽广、言谈诚恳、坦率纯朴，结果他们是那么快就赢得了我们的信任，也同时为自己赢得了实现愿望的机会。

　　尽管他们有时会有许多小的错误或缺点，我们总能原谅他们，因为他们从不掩饰自己的错误，并能积极改正。他们正直诚实、光明磊落、乐于助人。

戴夫·朗贾柏格20岁才从高中毕业，他一年级留级一次，又读了三次乌烟瘴气的五年级。他的阅读能力只有中学二年级，有口吃，又有癫痫症。

1996年，他的公司"朗贾柏格公司"却超过全国3.6万名独立的销售顾问，卖出5.25亿美元的手制篮子、陶瓷器、编织品及其他家饰品、这究竟是怎么回事呢？

其实，戴夫曾经遭遇过许多逆境，但是他很有企业家的精神。童年时，他做过许多工作，家人叫他"二角五分的大富翁"。他从打工生涯中学到许多宝贵经验，他七岁时在杂货店打工，发现要让老板高兴的方法就是揣摩老板的意思，抢先一步做好。做其他工作时，他也仔细观察形形色色的人，从他们身上学习。

例如：用轻松愉快的心情去做事，不但自己高兴，工作也会做得更好。和他做生意的人对他都有好感，就越会继续和他有生意往来。当兵时，他学到了纪律、控制、和谐以及中央指挥，也学了如何做个冒险家，而不是赌徒。

例如，他以极少的资本开了一家小餐厅。开业的第一天，他以135美元买了早餐的材料，再用早餐收入买午餐材料，用午餐收入买晚餐材料，这才叫白手起家！

后来，戴夫开了一家杂货店，经营得非常成功。不过他并不以此为满足，始终在筹备更大、更好的事业。他的乐观、耐心及努力不懈，帮助他克服了许多困难。我们也可以从戴夫的故事学到一些做人处事的道理。

在这个自由贸易及开放的社会中，马克·莱特的表现十分突出。他是吉弟卡片公司的老板，也是加拿大最年轻的企业家之一。六岁那年他自己想能不能画几幅画来卖钱。母亲建议他把画印在卡片上出售。由于他有一些与众不同的构想，所以很快就步上了成功之路。

他在母亲的陪伴下，挨家挨户去敲门，言简意赅地说出要点："嗨！我叫马克，我只打扰一下。我画了一些卡片，请买几张好吗？这里有很多张，请挑选你喜欢的，随便给多少钱都可以。"

他的卡片是用手绘在粉红色、绿色或白色的纸上，上面有一年四季的风景。马克每周工作六七个小时，平均每张卖七角五分，一小时可以卖25张。

不久，马克就发现自己需要帮手，他立刻请了10位员工，大都是些画家。他付给他们的费用是每张原作二角五分。由于把业务扩展到邮购，所以越来越忙碌。第一年做生意，马克就赚了3000美元，足够带母亲畅游迪士尼乐园。

10岁时，马克已经成了媒体上的名人，他上过许多著名的平面及视听媒体，包括大卫·赖特曼的"午夜漫谈"，柯南·欧布瑞安也曾访问过他。

马克有别出心裁的点子，不在乎自己的年龄，再加上母亲的鼓励，小小年纪就有了自己的事业。你是否也有具创意的好点子？果真如此，你还等什么呢？

挖掘人生的潜力，放大生命的能量

女性朋友，你们知道吗？我们每个人的潜能是无限的，只要你去挖掘，完全有可能在某个方面成为专家。通常我们表现出来的能力，只是其真正能力的一小部分，而大部分潜在的能力都未能得到真正开发。

不是每个人都能够认识到这一点的，不是每个人都能够认识到自己的潜能是无限的。正是因为如此，我们的周围不少人面对自己更多的不是欣赏，不是肯定，而是在与别人的比较中不断发现自己的不足，不断地增加惭愧与自卑。

所以，面对潜能，每个人都应该好好思考，该如何挖掘自己的潜能。无论你现在干什么工作，无论你现在处境怎样，只要你想改变，一切皆有可能，因为你的身上潜藏着无限的能量等待着你挖掘。

当然，挖掘潜能并不是你胡思乱想之后的随意决定，是你清醒认识自己之后的正确选择；认定目标之后，锲而不舍地努力，努力再努力。

只要勤奋，就会出现奇迹。这就是说，我们在工作中一定要多用心思，只要勤于思考，总有一天潜力就会被挖掘出来。有位哲人说过：人的天赋如火花，它可以熄灭，也可以燃烧起来。要使它成为熊熊大火的方法只有一个，那就是劳动、劳动、再劳动；勤奋、勤奋、再勤奋！

我国著名乒乓球运动员邓亚萍就是一个极好的例证。朋友们，让我们一起来看一下她的人生故事吧。

有人曾说过邓亚萍不适合打乒乓球，也许邓亚萍曾经犹豫过，也彷徨过，甚至产生过放弃打乒乓的念头，毕竟自己的个子的确不如队友，身高仅1.50米的邓亚萍手脚粗短，似乎不是打乒乓球的材料，5岁时就开始学打乒乓球，因为个子太矮被河南省队排除在外，只好进入郑州市队。

在邓亚萍犹豫彷徨时，有人帮助过她，但更关键的是她自己帮助了自己，她知道自己可以打好乒乓球，因为她热爱，因为她投入，凭着苦练、无所畏惧的胆量和顽强拼搏的精神，10岁时，在全国少年乒乓球比赛中获得团体和单打两项冠军，后加盟河南省队，1988年被选入国家队。

13岁夺得全国冠军，15岁时获亚洲冠军，16岁时在世界锦标赛上成为女子团体和女子双打的双料冠军。1992年，19岁的邓亚萍在巴塞罗那奥运会上又勇夺女子单打冠军，并与乔红合作获女子双打冠军。1993年在瑞典举行的第四十二届世乒赛上与队员合作又夺得团体、双打两块金牌，成为名副其实的世界"乒坛皇后"。

邓亚萍的出色成就，改变了世界乒坛只在高个子中选拔运动员的传统观念。前国际奥委会前主席萨马兰奇也为邓亚萍的球风和球艺所倾倒，亲自为她颁奖，并邀请她到国际奥委会总部做客。

　　邓亚萍打球的经历，让那些看似不可能的事情变成了可能，甚至让邓亚萍自己也成为一个难以被后人超越的传奇。

　　还是邓亚萍，从一个对知识知之甚少的运动员转型到一个清华大学的学生直至最后获得剑桥大学的博士，更是证明了人身上的潜能之大。

　　24岁的邓亚萍刚到清华大学外语系报到时，指导老师让她一次写完26个英文字母。当时在别人眼中看来最简单不过的事，邓亚萍却费尽心思后才把它们写出来，而且似乎没有写全。

　　于是邓亚萍把自己的睡眠时间压缩到最低限度，经常学习到很晚才休息，早上5时起床，苛刻地学习14个小时。有时，一边走路一边看书，就连吃饭的时间都用上了。更重要的是，在打球时候一直保持的1.5的好视力也退到了0.6。

　　邓亚萍不断要求自己，做作业也要和完成训练课一样，绝对是今日事今日毕，毫不含糊。邓亚萍这种刻苦学习的精神，让辅导老师和学友们都深为叹服。

　　1998年2月，邓亚萍前往英国诺丁汉大学读书。邓亚萍在诺丁汉的语言学校开始学习英语，短短3个月的时间，邓亚萍坚持每天8点多从自己的住所赶往学校上课。下午3时30分下课后，她还到学院的学习中心去学习，听磁带、练口语，直到晚上8时学习中心关门后才返回住所。

　　回到住所，邓亚萍也从不浪费时间，她坚持和房东用英语交流，坚持按时完成作业和预习功课。

　　她获得硕士学位后，又动身前往剑桥大学攻读博士学位，直至最后获得博士学位。

　　女性朋友们，我们已经看完邓亚萍的成功故事，你说人的潜能是不是很大？邓亚萍自身的条件并不是很好，但是她经过辛苦奋斗，将自己的潜能发挥了出来，实现了一般人实现不了的成功，非常值得我们学习。

　　女性朋友，你是不是也非常想发掘出自身的潜能呢？其实能不能挖掘自身的潜能，关键的因素就是你自己，你愿意去做，你想去努力，你想改变，一切就会因为你的努力而改变。

　　不到高山，不知平地。不经过失败，就不知道成功的艰难曲折。挖掘潜能如挖井，挖掘过程也许是直线，也许是曲线，只有那些坚信自己有潜能的人，才能挖到水源。

　　亲爱的女性朋友，我们每个人的身体内部都蕴含着相当大的潜能。著名科学家爱迪生曾经这样描述潜能对于人们的巨大影响和作用："如果我们做出所有我们能做的事情，我们毫无疑问地会使自己大吃一惊。"

　　　一位山民拥有一块肥沃的土地，本来生活得不错。但是，他渴望得到人们传说中的一块珍贵的钻石。于是他卖掉土地，离家出走，到遥远的地方寻找钻石。然而，他一无所获，非常失望。于是选择了自杀。

　　　后来，那块土地转让给了另外一个山民。买下这块土地的山民在土地上散步时，无意中捡到一块亮闪闪的钻石。就这样，在这块土地上，新主人发现了最大的钻石宝藏。

这个故事有什么含义呢？它告诉我们一个很深刻的生活哲理：每个人都拥有丰富的钻石宝藏，即潜力和能力。这些潜力和能力足以使自己的理想变成现实。而你所要做的只是开发自己的"钻石"宝藏，不断地挖掘和运用自己的潜能。但是人们却往往缺少发现的眼光。

波兰作家显克维支说："人生是最伟大的宝藏，我晓得从这个宝藏里选取最珍贵的珠宝。"成功只属于那些相信自己能力的人，属于那些善于正确开发自身潜能的人。

我们要实现自己的人生目标和理想，必须正视自己的优缺点，要敢于向自己的缺点亮剑，而不是一味地逃避和退缩。挖掘自我潜能必须不断地发现真正的自我，不断地挑战自我，一个人一旦如此，便可改变一蹶不振的精神，甚至可以改变的整个思想及生活状况。

挖掘自身的潜力，必须要勤奋。而懒惰的人不肯勤奋，开掘就无从谈起，潜力表现不出来，天赋也就与他无缘。潜力在每个人身上都是巨大的，要想提高自己的竞争力，就要在开掘潜力上下功夫，我们女性要想提高自己的能力，也要在开掘潜力上下功夫。

有人曾说："个人之间天赋才能的差异，实际上远没有我们所设想的那么大。"马克思在引用了这句话后接着说："搬运工和哲学家之间的原始差别比家犬和猎犬之间的差别小得多。"

女性朋友，我们的成就如何，并不主要取决于先天所赋予的才智，而是取决于在漫长的人生道路中能否做到勤奋学习、刻苦攀登。

人的潜能存在于潜意识中，因此，我们女性要实现自己的人生目标，必须树立自信，在明确目标的基础上，开发潜能，这一点非常重要。总之，勤奋出智慧，勤奋出成就。

对我们女性来说，勤奋既是一种可贵的美德，更是一种应当养成的习惯。朋友，只要我们好好地开发自身的潜能，刻苦学习，努力奋斗，任何奇迹都可以创造出来。

勤于动脑，人生会更精彩

如果有一天你走在街上，看到有一个人在试图用大铁棒打开门上巨大的锁，你一定会想，这个人不是强盗就是个傻子。

的确，用铁棒开锁只会把锁砸坏，而轻巧的钥匙因为懂得锁的心思，所以开锁不费吹灰之力。我们做事情也是这样，空有一身力气地蛮干，往往不如巧干的效果好。

女性朋友，让我们来看一个小女孩练习舞蹈的故事吧。

每次上舞蹈课，总有几个小朋友提前到，在那里练软翻、前桥、劈叉等。我看到有些小朋友在前软翻，翻得特别轻松，心想："这个蛮简单的，我也来学一学。"

于是，我每次上舞蹈课总是提早半小时到舞蹈室，叫她们教我，可她们也说不清楚，只做动作给我看。我只好学着她们的样子翻。经过一两个晚上的练习，我居然也能翻过去了，虽然翻得不是很标准。

于是，我就开心地朝妈妈喊："妈妈，妈妈，我能翻过去了，我翻一个给你看。"说完，就翻了个给妈妈看。

虽然翻得有点歪，但妈妈还是表扬我："呦，你这么能干，居然自己学会了。"

　　这下我更来劲了，说："就是有点歪，我再练习几次，保管能翻正！妈妈，你说对不对？"

　　"对！"妈妈说。

　　可后来几个晚上，不管我怎么练，都事与愿违，一点进步也没有，脸、肩膀都撞出了瘀青，痛苦不堪。我的心情糟透了，就不想练了。再看看别人翻得这么好，心想："真笨，我怎么就翻不正确呢？是不是我方法不对？"

　　几星期后，老师说要教我们前软翻，当讲到动作要领时，我听得特别仔细。老师告诉我们："先双脚跪立、双手叉腰，接着下中腰、控腰，人保持一颗球的形状，然后肚子先贴地，再脸贴地，双手在腰旁一边往后推，一边往上使劲撑，像球那样滚过去……"

　　我照老师说的去做，真的轻轻松松地翻过去了。

　　从这个故事可以看出，我们只要掌握了好的方法，就能收到事半功倍的效果。你看，这个小女孩先前没有掌握方法，费了九牛二虎之力，也做不正确。而一旦掌握了方法，一下子就成功了。可见，掌握方法比一味蛮干要好得多！

　　蛮干意味着不动脑筋，不顾方法，不顾实际的办事，好比用铁棒开锁，不但开不了锁，反而会将锁弄坏，正所谓"赔了夫人，又折兵"。

　　埋头苦干确实是很好的做事态度。可是，这并不意味着只要我们花上大量的时间，事情自然就会解决。大禹以疏代堵，让一条多灾多难的祸河成了造福炎黄子孙的母亲河；田忌调换马儿的出场顺序，创造了转败为胜的赛场神话；孔明焚香操琴、空城退敌，传为千古佳话……

在生活中，类似的例子也不胜枚举。比如，一些学生只会在书山题海里苦苦煎熬，而不去思考知识间的联系和解题的技巧，到头来一头雾水；而另一些学生，做题时懂得寻找规律，抓住特点，举一反三，从而能够轻松地学习。

布莱希特曾说："思考是人类最大的乐趣。"对于我们女性来说，工作时不思考，便不会有大的进步。

爱迪生说："不下决心培养思考习惯的人，便失去了生活中最大的乐趣。"说明思考是人生最大的乐趣。

古人说得好，"学而不思则罔""行成于思毁于随"。的确，如果对工作中学到的知识不进行深入思考，就难以留下深刻的烙印，最终收效甚微。

贝费里齐在《科学研究的艺术》中讲过一个令人哭笑不得的试验，故事是这样的：

一位老师用手指蘸糖尿病人的尿样来尝味，然后让学生们都做一遍。学生们愁眉苦脸地照着做了，一致说尿样是甜的。

这时，老师说："我在教你们观察细节。谁观察得仔细，发现我伸进尿样的是拇指，舔的是食指？"

学生们的失误就在于主观上的想当然，过分相信别人的经验，一没有认真观察，二没有深入思考。

我们要充分理解思考的重要意义，蛮干的结果是我们做的都是无用功。其实，人与人之间的智商差异并不大，差距就在于看谁思考得多、思考得深、思考得对。

自然，坐在那里默默沉思是一种思考，把自己的所读所想记述下来、表达出来，也是一种思考。我们只要长期思考下去，必定有大的进步。

女性朋友们，我们要在勤于动脑中创造自己的自强人生。仔细考虑几分钟，胜过蛮干数十年。成功把握在我们手中，做任何事情的时候都要动脑筋，相信聪明才智这把金钥匙一定会为你打开成功的大门。

一位哲人曾说过："这个世界不缺会干活的人，缺的是会思考的人。"他的谆谆告诫激励我们女性要勤于思考。

经过思考后得到的果实虽甜，但思考的过程却很苦。苦就苦在思考需要大量研究、掌握第一手资料，需要坚持不懈地总结和积累经验，需要给自己不断"充电"。

勤于动脑，不可蛮干，我们女性要在学习中善于动脑。洛克威尔说："真知灼见，首先来自多思善疑。"充分说明了思考的重要意义。

女性朋友们，让我们在思考中成长吧！勤于动脑，任何事情都会变得简单；勤于动脑，让我们的人生更精彩；勤于动脑，让我们做生活的强者。

小人物成为大人物有途径，但没有捷径

失业者中，有多少人具有工作能力呢？也许大多数人都有工作能力，至少有相当比率的人如此。但是很多人找不到更好的工作，因为他们没有受过训练、缺乏背景或没有意愿从事较好的工作。只要有人给他们一份工作就好，是否胜任他们倒不在乎。

但是在工商业社会中，员工对公司的贡献必须超出薪资的相对利润，否则公司总有一天会倒闭，员工也就失去了工作。

俄亥俄州尤克里市的林肯电子公司需要200名员工，但在2万多名的应征者当中，却找不到足够的人员，因为他们连中学的数学都不会做，这究竟是谁的错呢？

也许有人会认为父母没有好好管教他们读书，责无旁贷；也许有人认为教育制度太落后，已经不符合时代需要；另外有一些人则指责政府没有给予这些人足够的教育津贴。

事实证明，每个人都必须对自己负责，自行取得必要的资讯，才能获得自己想要的工作。例如，这2万名无法得到林肯电子公司优厚待遇的应征者，只要回学校进修数学，就有机会得到工作。

迈出第一步的确需要有足够的勇气，也可能面对某些尴尬的情形。但是如果一味地置之不理，问题绝对不会变得更简单或者更易于解决。

总之，想要找到工作，就要设法进修。每周进修3小时，10个星期就能增进你的技巧、信心及自尊。现在就立刻进行，你的生活必将为之改观！

有人说工作是成功之父，正直则是成功之母。如果能和这两个"家人"和平相处，其他家人也就不成问题了。可惜有太多人不肯花心思和"父亲"好好相处，对"母亲"更是完全置之不顾。还有一些人，一找到职业就不再好好工作。

很多人都以为工作应该既有趣又有意义，否则根本没有必要去做。金克拉认为，有了对工作的爱，又有酬劳，理该心满意足了。

查理·高说："工作让人有胃口吃饭、睡得安稳、快快乐乐地度假。"事实上，每个人都需要工作。

金克拉认为，没有任何人比他更热爱我的工作，但是其中的确有一部分相当烦琐：例如整年不断的交稿截止日期、因为飞机延误或取消班次，必须在机场坐数小时……

这些事既乏味又无意义，但却是他工作必须包含的部分，因此他就化被动为主动，利用飞机班次延误的时间研究一些事或写作。

伏尔泰说，工作可以使我们远离三大罪恶：枯燥、邪恶及贫困。基于这个观点，我们可以体会到工作的好处，并且明白"我们不是在'付出代价'，而是在'享受好处'。"

爱迪生说："世上没有任何事可以取代辛勤工作。天才是百分之一的灵感，加上百分之九十九的血汗。"

富兰克林说："用过的钥匙永远是亮的。"

理查·康伯兰也说："东西用坏总比生锈好。"

如果不努力工作，势必会失去生命中的许多欢乐和好处。希望每个人都喜欢自己的工作和相关的好处，随时拿出放长假前赶工的那股冲劲，不但会让你更喜欢工作，也能得到更高的薪金及赞美。

　　1983年5月，高龄95岁的海伦·希尔欣喜若狂地拿到了高中毕业证书。76年前，她高中毕业时，由于学校债台高筑，连毕业证书都无法付印，因此她和五位同学都没有拿到正式毕业证书。

　　至今，1907年毕业的那一班同学中，只有她一个人在世，所以老同学都无法分享她的快乐及兴奋。

这件事告诉我们，昨日的失望可能成为今日的欢乐，任何事，只要努力就可能成功！

64岁的卡尔·卡森，忽然决定改变职业生涯。到了老年，大多数人都会想要退休，这真是不幸，因为许多64岁的人都还身体健康，并且累积了许多宝贵的经验。

卡尔原本经营卡车出产公司，至于新的生涯，他规划开一家顾问公司。先从十位顾客做起，达到目标之后，他决定再扩大范围，发行月刊，并且为1200名订户担任顾问。到了75岁，卡尔每年必须搭机往返全美各地百余次，在各种聚会中演讲，生活得非常充实愉快。

卡尔的故事告诉我们，只要有心改变、有心学习，永远都不嫌太迟！太多太多的人没有达到目标时，都会千方百计地找借口掩饰：住的地方不适当、年纪太大、年纪太轻……

要达到目标，原本就非易事，但是只要肯努力，绝对是值得的。时光不能倒流，但是不论年龄大小，每个人都同样可以拥有梦想。

美国童军誓词说："我用荣誉保证，我愿尽全力完成对上帝和国家的职责，遵守童军守则，随时随地帮助别人，使自己身体健壮、头脑清醒、品德正直。"

誓词的最后提到"身体健壮"，的确，如果能好好照顾身体，在个人及家庭生活、事业方面，都可以有更多成就。根据研究，担任最高主管的人当中，百分之九十三都具有很强的活动力。其中抽烟者不到百分之十，经常运动者占百分之九十以上，而且每一位都了解自己的胆固醇含量，身体健壮的好处真是不胜枚举。

　　在这个瞬息万变的世界中，保持"头脑清醒"显然极为重要。由阅读、参加研讨会、聆赏教育视听媒体，以及课本中汲取广泛的资讯，为头脑做准备，当然是年轻人生活的一部分。此外，他们也从童军活动中了解，烟、酒及毒品都对身心有害，千万不能尝试。

　　最重要的，可能是"品德正直"。我们研究过全球排名五百大公司的最高主管，发现他们最重视本身的正直。1949年哈佛企管学院毕业的学生，该校有史以来最优秀的毕业生，几乎千篇一律地表示，他们成功的主要原因，就是有正直的操守。

　　由于童军誓词包含了上面所有的重要守则，因此能够成就社会上许许多多的赢家。让童军守则成为你生活的一部分，你也会成人生的赢家。谈到工作，就一定会讨论到态度。

　　　　一次，一名年轻记者问他："爱迪生先生，您目前的实验已经失败了一万次，请问您有什么感想？"

　　　　爱迪生回答："年轻人，你的人生才刚刚起步，让我告诉你一个妙用无穷的观念：我并没有失败一万次，而是成功地发现了一万种行不通的方式。"

　　爱迪生估计，他一共做了一万四千次以上的实验，才发明了电灯。他锲而不舍的努力证明了一件事：大人物和小人物之间只有一点不同，即努力不懈的小人物就会变成大人物。

　　只有放弃的人才是真正的失败者。杰瑞·魏斯特是美国最伟大的篮球选手之一。他小时候非常坏，邻居小孩根本不要和他一起打篮球，因为他不断苦练，终于扬名篮坛。

毅力、专心、努力、血汗、泪水这些字眼，当年常被丘吉尔用来鼓舞英国人。虽然听起来稀松平常，但却是成功最主要的因素。要克服某些障碍，也绝对少不了这些特质。

一位好朋友曾经邀我一起做生意，但是生意并不好，所以我就先退出了。我的朋友后来赔了好几千元，生意结束之后，他理智地告诉我："其实我也讨厌赔钱，但是我最担心的是会因为这件事使我不敢把握其他机会。那样，我的损失岂不是更大吗？"他的话实在很有道理。

有一个年轻人的做法就大不相同。他最初和朋友一起勘探石油，但因资本用尽，只好把股份卖给朋友。后来他又进入成衣界，不料生意更差，甚至宣布破产。幸好他并未一蹶不振，又步入政界，他就是众所周知的杜鲁门总统。

所谓失败，就是一遇到阻碍就认输；成功则是锲而不舍，信心十足地做下去。如果某件工作比你预期的困难多，要记住，天鹅绒没办法磨利刮胡刀，老是用汤匙喂一个人吃东西也无法使他坚忍不拔。

万事俱备，一旦时来运转，就是成功的时候。机会往往就在不远的地方，只要多加一分努力就可以得到。

柯立芝总统说："世上没有任何东西可以取代毅力。天赋不能取代它，世上到处都是失意的才子；天才不能取代它，世界上也有许多被埋没的天才；教育不能取代它，世界也有学而不用的人。只有毅力、决心及努力才是成功的决定因素。"

攀登人生阶梯的时候，必须记住，每一阶梯都只是为了让你踏到更上一层，不是要让你休息。每个人都有疲倦、沮丧的时候，但是正如重量级拳王詹姆斯·柯贝特常说的："只要能比别人多打一回合，你就成为拳王了。"

威廉·詹姆斯说："人不仅能打第二回合，还能打第三回合、第四回合……甚至第七回合。"我们都有无穷的潜力，只有努力发挥，才能展现它的力量。世界著名的大提琴家巴布洛·卡萨斯扬名国际之后，仍然每天练琴六小时，有人问他为什么要这么卖力，他只回答："我觉得自己还可以进步。"

成功的机会是不会来敲门的，因为它存在每个人的内心，保证有努力才能把机会引导出来。"打铁趁热"固然不错，如果能自己把铁打热岂非更好？的确，毅力和努力实在太重要了。只要不断努力，继续磨炼技巧、发挥天赋，总有成功的一天。即使成功遥遥无期，你仍然是大赢家，因为你已经尽力而为。只要有这种锲而不舍的精神，成功的机会非常大。

世界上没有懒人，只有病人和没有开窍的人。病人应该就医。没有开窍的人应该做几件事：多读几本书、多听有益的演讲、多交益友。鲍伯·理查曾经是奥运冠军，也是美国数一数二的演说家，他认为"启发"对人非常重要。

奥运会不断有人打破纪录，是因为比赛的人看到别人卓越的表现，激发了选手更上一层楼的决心。

总之，许多"懒人"都有形象方面的问题。他们不愿意全力以赴，害怕万一做不好就失败了。如果他们只花一半的努力，失败的时候就有借口了。他们觉得自己不算失败，因为他们没有真正努力。这种人常常喜欢耸耸肩说："我无所谓。"作为失败的借口。

了解这一点之后，不妨再回顾一下你自己。如果你的自我形象仍然不好，请翻回前一章仔细研读，一直到建立良好的自我形象为止。

第四章
强者心态支持你一路前行

　　强者心态，是一种面对困难时的坚强，是永不服输的心态，是一种面对困难时的临危不乱，更是一种不达目的誓不罢休的坚韧。一个人只要有了这种强者心态，敢于直面困难和挫折，敢于挑战，成功即可指日而待。

没有野心，你可能白来世上走一遭

一个人走在通向成功的途中，她可以一无所有，但不能没有梦想。一个人若想成功，首先要明确自己最渴望的是什么。当我们女性朋友确立了自己人生的目标以后，为了实现这个梦想可能要花上些时日，甚至用毕生的精力去追求。这恰是人生的乐趣所在。

"野心勃勃"的人会强烈地期盼着成功。而成功的人一定要有梦想、有远见、有热情、有执着。有梦想的女人必定会对每个目标朝思暮想。对于一个渴望成功并一直为之努力的女人来说，最迫切、最渴望的事莫过于确立人生的目标。

对于我们人类而言，一个期待、一个野心、一个企盼、一个悬在眼前的目标，对于未来的人生有着重要意义。热忱和人类的关系，就好像是蒸汽机和火车头的关系，梦想是行动的主要推动力。人类最伟大的领袖，就是那些用梦想鼓舞他的追随者发挥最大热忱的人。梦想也是诸多因素中最重要的因素。

对于梦想的追求，并不是一个空洞的名词，它是一种重要的力量。我们可以予以利用，使自己获得好处。没有这种梦想的支撑，我们就像一节已经没有电的电池。

梦想可以产生一股伟大的力量，我们女人可以利用它来补充自己身体的精力，并发展成一种坚强的个性。为自己塑造梦想的过程十分简单，首先，从事自己最喜欢的工作，或提供自己最喜欢的服务。

20多年前，一个一无所有的青年踏上了深圳这块热土。他最初在一个建筑工地上当小工。每天带着一身的泥水回到住地。别的工友晚上喜欢凑在一起打扑克、下棋，而他一有时间就读经济学方面的著作，并做了大量的摘录。他给自己制定了一个在当时看起来非常可笑的梦想：我要成为大富翁！

每天早晨和晚上，他向自己说着同一句话："我要成为大富翁，无论我现在正在从事什么职业。"若干年后，这位当时默默无闻的青年，跻身于成功人士之列，他真的成了一名资产亿万的富翁。

不实现目标誓不罢休，目标是人生中最主要的动力，这种动力必须由"梦想、目标、执着"三者结合而来。若想达到这个目标，一定要有热忱，有决心，有骨气，肯苦干，肯付出，肯拼命。有了目标，我们就会朝着这个既定的目标前进。在前进的过程中，我们就会发现，动力和成功其实是两个很相似的概念，如果我们有动力，就会成功。当我们了解自己是一个什么样的人，明确自己要走哪条路，确定自己要走的路，并切实采取行动，我们的路一定会越走越宽。

那些可以明确说出他们梦想的人，比那些对自己想要什么都只有一个模糊概念的人，会有更多的机会去实现他们的梦想。

所以，如果我们女人想赚更多的钱，就该精确地说出我们想赚多少钱，预定什么时候达到这个目标。如果我们的目标是找一份好工作，就把自己想要干的工作详细写下来。如果我们的梦想是做生意的话，描述一下我们要做哪种生意以及什么时候开始进行。大多数人都只是希望者。做个实现梦想的人吧！做个很清楚自己想要什么的人是很重要的！

弱女子也要有向强者挑战的决心

我们要敢于向比自己强大的对手挑战。只要我们有了敢于向强者挑战的心态，那些原本看来"不可能"的事情，就有可能成为自己的"囊中物"。敢于挑战，实际上就是给自己压力，自己给自己加压。

"没有压力就没有动力"，这是一句至理名言。试想，如果一个人感到生活很轻松，或者说是做一些简单的事情，这样周而复始年复一年，我们能够从中得到什么呢？我们的勇气、意志又如何能培养出来呢？在这种舒适的环境中，只能销蚀一个人的意志，腐蚀一个人的斗志。如果我们把自己的人生过程看作是一种比赛，作为一个优秀的运动员，在训练中只有不断地给自己加码，我们最终才会赢得胜利。

自己给自己加码，还可以养成良好的习惯，避免滋生办事拖拉的坏毛病。一个能给自己不断加码的女人，一定会懂得珍惜时间，做事雷厉风行，做事效率也会随之得到提高。

我们现在处于一个竞争十分激烈的社会，压力无处不在。观念改变了，我们要战胜旧的自我；环境变了，我们必须有一个新的姿态；社会进步了，我们面临新的任务和目标；竞争激烈，我们必须全力以赴；人际关系发生冲突或者破裂，我们要收拾残局，重新开始。所有的一切都是压力无处不在的具体体现。

正是这种压力的存在，才使我们有了无穷的动力。

不断给自己加码，也就是在跟自己竞争。"没有一件事比尽力而为更能满足自己，也只有这个时候我们才会发挥最好的能力，尽力而为给我们带来一种特殊的权利。一种自我超越的胜利。"

即使是那些我们认为"不可能"的事情，也要去尝试，要觉得自己是一个一流人物，要对自己有点自信才好。把"不可能"从我们的头脑中去掉。

人是能屈能伸的，我们只要有勇气，敢于挑战，就能产生一种超乎寻常的力量。

　　有一名年轻的飞机修理师，他工作的这个飞机场离一家动物园很近。一天，这个动物园里一头凶猛的黑熊，挣脱了铁笼发疯地跑了出来。它撒腿狂奔，很快就跑到了机场上。

　　此时，这个年轻人恰好在机场上修一架飞机，这只熊咆哮着向他冲了过来。年轻人吓坏了，他若不躲就会被熊撕成碎片。可周围没有可以躲藏的地方，想跑又没有熊跑得快，这可怎么办呀？

　　黑熊离他越来越近，他在恐惧之下，不知道哪来的力量，竟然纵身一跃，在没有助跑的情况下，跳上了离地两米多高的机翼。当跑来援助的人们花了很大的工夫终于逮住黑熊时，这才发现年轻人还惊恐地站在机翼上瑟瑟发抖。

　　后来这个年轻人在接受记者采访时说，他也很惊讶，他从来没有练习过跳高，不知怎么在当时就跳上两米多高的机翼。事后他又去飞机旁试了试，连机翼的一半高也跳不到。

这个年轻人当时是在强烈的求生欲望的刺激下，激发了潜藏在他体内的巨大潜能，从而使得他逃过一劫，保住了性命。

潜能是人类最大而又开发得最少的宝藏！无数事实和许多专家的研究告诉我们：每个人身上都有巨大的潜能还没有被开发出来。

这种敢于向"不可能完成"的事进行挑战的精神，是获得成功的基础。有很多人有一个致命的弱点——缺乏挑战的勇气。只愿做谨小慎微的"安全专家"，对不出现的那些异常困难的事情，不敢主动发起"进攻"，一躲再躲，恨不得能避到天涯海角。

不敢向高难度的事情发起挑战，是为自己的潜能画地为牢，只能使自己无限的潜能化为有限的成就。与此同时，无知的认识，会使我们的天赋减弱，因为我们像懦夫一样无所作为，不配拥有这样的能力。"勇士"与"懦夫"，根本无法并驾齐驱、相提并论。

我们女人在向"不可能完成"的事情发起挑战的时候，假若挑战失败了，千万不要沮丧、失望。我们会得到大家的认可，因为我们有敢于挑战"不可能完成"的工作态度，是"勇士"。我们所经历的、所得到的，都是胆怯观望者们永远没有机会知道的——因为他们根本就不敢尝试。

敢面对现实，后面的路才好走

强者的心态便是受挫后不抱怨他人，失败了不找借口。因为强者不找抱怨的理由，强者只勇敢地面对现实。

强者的心态可以造就坚强的狼，更可以锻造成功的人。面对困难，胜利的总是那些拥有积极心态的人。人生起步之时，我们的心态就决定了最终结局。

在人的一生中，积极的心态是一种有效的心理工具，是能够把握自己命运的必备素质。如果我们认为自己能够发挥潜能，那么积极的心态便会使我们产生力量和勇气，从而使我们如愿以偿。

一位射箭世界冠军的成功，在很大程度上取决于他的心态。每次射击，他都会举起他的弓，眼睛锁定30码外的靶心。此时此刻，除了红心以外，没有任何事情可以吸引他的注意力。他拉紧了弦，眼睛注视目标，沉静而迅速地审视一遍自己的身心状态，若感觉有一点儿不对，他就放下弓，放松，再重新拉一次。假如一切都检视无误，他只要瞄准靶心，放心地让箭飞出去，就有信心使飞矢正中红心。

这种冷静的、信心十足的状态，是否仅为体坛的超级巨星所特有？倒也不尽然。只有当体坛巨星处于这种最佳竞技心态时，他才可能赢得胜利。而当心态不佳时，他则一扫平日的威风，甚至会输给名不见经传的小字辈。同样，即使一位平时成绩平平的运动员，当他处于最佳心态时，他也可能取得惊人的成绩，打败那些技术水平虽高但状态不佳的巨星们。事实上，人人都有这种心态，只不过我们有时意识不到罢了。

从某种角度来说，我们都是射手，都想在生活中对着目标一射而中。假如我们是在锻炼肌肉的神经系统，将箭射向靶心，为什么我们不能每次都如愿呢？

这到底是怎么回事？我们又没改变，应该是一如既往才对，可为什么会前一阵儿还眉开眼笑，后一阵子就哭丧着脸？为什么那些一流的NBA运动员也会在得心应手之后，连续多次投不进一球的情形？

事实上，心态在很大程度上决定了我们人生的成败。

我们怎样对待生活，生活就怎样对待我们。

我们怎样对待别人，别人就怎样对待我们。

我们做一项工作时，刚开始时的心态决定了最后能获得多大的成功，这比任何其他因素都重要。

对生活的态度越积极，对人生的挑战越勇敢，就越能找到最佳的心态。

难怪有人说，我们的环境——心理的、感情的、精神的——完全由我们自己的心态来创造。

心态分两种：积极心态和消极心态。积极心态能发挥潜能，能吸引财富、成功、快乐和健康；消极心态则排斥这些东西，夺走生活中的一切，使人终身陷在谷底，即使爬到了峰巅，也会被它拖下来。

积极心态的特点是自信、充满希望、诚实、有爱心和踏实；消极心态的特点是悲观、失望、自卑、虚伪和欺骗。

不少人生得失的经历曾告诫我们，心态是世界上最神奇的力量。带着爱、希望和鼓励的积极心态往往能将一个人提升到更高的境界；反之，带着失望、怨恨和悲观的消极心态则能毁灭一个人。

积极心态可以随时给人带来巨大的财富。那么，自己想成为一个拥有积极心态的人吗？这里有一个处方，如果我们女性朋友能够照着做，假以时日，便会成为一个热忱的人。这个处方不但可以使我们女人立即拥有积极的心态，而且随时都会在我们感到失望、消沉、疲倦的时候帮助我们鼓起勇气，使我们振作起来，变得精力充沛、神采奕奕。积极心态会成为我们的生活方式，为我们的成功做好准备。它还能吸引许多美好的事物，使生活充满乐趣。

这个处方就是二战时曾任美太平洋战区司令官麦克阿瑟将军，在其办公室墙上挂着的一块牌子上的座右铭：

你有信心就年轻，疑惑就年老；你有自信就年轻，畏惧就年老；你有希望就年轻，绝望就年老；岁月使你皮肤起皱，但是失去了积极心态，就损伤了灵魂。

这是对积极心态绝佳的赞词。培养并发挥积极心态，为我们所做的每件事情，都增添火花和趣味。

一个拥有积极心态的人，无论是个挖土的工人，还是个经营大公司的老板，都会认为自己的工作是一项神圣的天职，并怀着浓厚的兴趣。热爱自己工作的人，不论工作有多少困难，或需要付出多大的代价，都始终会用不急不躁的态度去对待。只要抱着这种态度，任何人都一定会成功，一定会达到目标。爱默生说过："有史以来，没有任何一项伟大的事业不是因为积极心态而成功的。"事实上，这不是一段纯而美丽的话语，而是指引人生获取成功的航标。

积极心态是一种意识状态，能够鼓舞和激励一个人对手中的工作采取行动。不仅如此，它还具有感染性，不只对其他热心人士产生重大影响，所有和它有过接触的人也将受到影响。

把积极心态和我们的工作结合在一起，那么，我们的工作将不会显得辛苦或单调。积极心态会使我们的整个身体充满活力，使我们只需在平时工作时间一半的情况下，工作量达到平时的两倍或三倍，而且不会疲倦。

积极心态是一股伟大的力量，我们女人可以利用它来补充身体的精力并发展成一种坚强的个性。有些人很幸运，天生拥有积极心态，其他人却必须努力才能获得。发展的过程十分简单：从事我们最喜欢的工作或把将来我们最喜欢的工作当作自己的明确目标。

缺乏资金以及其他许多我们无法当即予以克服的环境因素，可能迫使我们从事自己所不喜欢的工作。但没有人能够阻止我们在自己的脑海中构建一生中明确的目标，也没有任何人能够阻止我们将这个目标变成事实，没有任何人能够阻止我们把积极心态注入自己的计划之中。

如果我们有热情，几乎就所向无敌了。

积极的心态是人生走向成功的重要前提。是我们改变世界还是世界改变我们？如果我们想改变自己的世界，就必须扫除心中畏缩自卑的阴影。只有拥有积极的心态，才会使困难与挫折低下头来，使自身固有的潜能充分调动起来，从而使我们女人心想事成。

积极的心态之所以会使人心想事成，走向成功，是因为每个人都有巨大无比的潜能等待自己去开发；消极的心态之所以会使人怯弱无能，走向失败，是因为放弃了对伟大潜能的开发，让潜能在那里沉睡，白白浪费。

积极的心态可以挖掘和开发人们的巨大潜能，使人们有着无穷的力量；相反，如果我们抱着消极心态，那我们只会处于对命运的叹息之中，而难以品尝成功的喜悦。

任何成功都不是天上掉下来的，只要我们女人抱着积极心态去开发自己的潜能，我们就会有用不完的能量，我们的能力就会越用越强。相反，如果我们抱着消极心态，不去开发自己的潜能，那就只有叹息命运不公，并且越消极越无能！

每个人都存在巨大的潜能，但是一般人只开发了其中微不足道的一小部分。

凭借内在的动力、坚定的信心、顽强的毅力，以及积极心态的推动，女人就可以发挥出惊人的创造力，即使是一个普通女人也能创造出奇迹。

一个女人想着成功，就可能成功；想着失败，就会失败。一个女人期望的多，获得的也多；期望的少，获得的也少。成功是产生在那些有了成功意识的人身上的，失败则源于那些不自觉地让自己产生失败意识的人身上。

消极的心态使人走向失败，积极的心态使人走向成功。自信这种积极的意识是一种巨大的力量，给我们人生的行动以能量。自信也是源于意识和潜意识的。

意识和潜意识是成功的"第一把金钥匙"。人的意识和潜意识具有操纵人类命运的巨大能力。如果意识给潜意识一个目标，潜意识就会为实现这个目标而行动起来；如果意识给潜意识一个指令，潜意识就会认真地去执行这个指令。

有这样一个传说：有一个勤奋好学的木匠，一天去给法庭修理椅子，他不但干得很认真、很仔细，还对法官坐的椅子进行了改装。有人问他其中原因。

他解释说："我要让这把椅子经久耐用，直到我自己作为法官坐上这把椅子。"这位木匠后来果真成了一名法官，坐上了这把椅子。

相信自己能够成功，往往自己就能成功，这是人的心态在起作用。换句话说，意识决定了"做什么"，而潜意识便将"如何做"整理出来。

当领导其实也没有啥诀窍

如果你想成为一个领导者，想培养自己的领导才能，那么，就必须拥有强壮的身体、无穷的智慧，以及娴熟的领导技巧。

一个女人要想成为强有力的领导者，必须得到别人的支持和帮助，还需要别人的配合；而要想得到别人的支持、配合，则必须有相当的管理才能，具有领导的才能。

没有人天生是领袖，没有人天生就具有出色的管理才能。领袖的素质和管理才能是通过后天的努力和学习得来的，它是可以通过培养获得的。

管理才能与我们的"领袖气质"是不能分开的，它们如影相随。因为这种素质和能力能够使我们做出本来不会做或无法做的事情。

那么，怎样使我们成为一个领导者？怎样培养我们的领导才能和管理才能呢？也就是说，如何使别人乐于和我们合作，支持与帮助我们成功呢？

要做到这一点，我们必须成为一个受别人欢迎的人。

要让自己成为一个受欢迎的人，一味地取悦别人并不是最好的方法，关键是要培养我们的特质。

如果我们只是一味地取悦别人，可能会暂时讨人喜欢，但不可能长久，因为我们在讨人喜欢的过程中失去了自己。因而，过一段时间，我们可能会发现，我们的交往范围扩大了，而自己却感到越来越孤独。

所以，以失去自我为代价去取悦别人，并不是最好的方法。我们女人若想成为一个领导者，必须真正喜欢自己的样子。这是使自己成为一个受人欢迎的人的基础。

培养自己喜欢的特质，即那些属于自己的特殊的东西。这些特质对我们而言是相当珍贵的。如果我们真的希望某个人做自己的朋友的话，就应当喜欢自己的这些特质。我们只是为了这些特质和为我们自己而培养它，千万不要为了给别人留下某种印象而去迎合别人。那样的话我们不但会失去成功的机会，还会失去自己想要的一切。

对我们女人而言，应该培养哪些特质呢？

首先要学会如何独处。有人可能觉得惊讶，但这与如何受别人喜欢并不矛盾。一个女人如果不能和自己好好相处的话，还能期望别人什么，又怎么能期望别人好好和自己相处呢？何况，所有的领导者其实都是孤独的。

培养一种能将别人视为一个独立个体的能力，并欣赏这种个别差异。要"讨好"别人，得先学会怎么让别人"讨好"。我们每个女人都有不同的特点，足以让人尊敬和钦佩，但我们必须找出每个人独特的地方，否则我们很难欣赏别人的特点。

其次，是培养我们的享乐能力。放慢自己的脚步，好好品味一下自己所做的事情。同时，尽量让自己参与周围发生的事情。因为我们如果事事都做旁观者，就会觉得自己并不重要，周围的事情也不重要。然后，期待一切愉快事情的发生，如果真的发生了就好好庆贺一番，继续强化我们愉快的感觉。

再次，不要讥讽任何人。如果我们事事讥讽别人，可能就会觉得世界上的人都是以自我为中心，都只顾自己的利益，而且会认为世界上没有一个人是真诚的、宽容的。每个人都想占别人的便宜，一点也不想付出。比讥讽本身更糟的是，我们得继续用讥讽掩盖自己的这种违反道德的行为，直到我们对整个世界、整个人类都嗤之以鼻。

对于重要的事情，如果我们和别人持相反的意见，就准备面对他们。这对我们了解自己的目的和别人的认同很有关系，也让别人知道我们具有坚强的信念和强烈的感觉。如果我们没有珍重特质的话，就很难成为人群中受喜欢的人。

还有，就是尝试培养感受别人的经验和关怀别人经验的能力。

最后，要学会分享朋友的快乐。我们是自己创造的，所以我们可以把自己塑造成理想的自我。

做到了以上这几点，我们就能成为一个受欢迎的女人。尽管这与我们要培养的管理才能与优秀的领导者气质仍有一定的距离，但起码为其打下了一个良好的基础。

下面这几方面可以使我们尽快地培养起自己的领导才能。

一是跟那些我们想去影响的人们交换意见。这是使别人，比如我们的同事、朋友、顾客、员工等依照"我们所希望的那种方式"去做的秘方。

考虑问题尽可能周到，处理事情的时候要多思考还有哪些不符合人性的地方。人人都用自己的方法来领导别人，但是总有一种最好的、最理想的符合人性的方法。

二是尽量追求进步。相信自己和别人还可以进步，更要推动帮助进步的行动。在每一个行业中，只有精益求精的人才能够不断地升迁。领导人，尤其是真正的领导人，非常缺乏。安于现状的人认为每一件事情都很正常，不需要再去改进。但实际上他们与那些激进人士相比有太多需要改善之处；想些办法可以将事情做得更好。

三是腾出一点时间和自己交谈、商量或从事有益的思考。领导人都特别忙碌。事实上也是如此，他们真的很忙。但是我们常常忽略的一点是，领导人每天都要花许多时间来单独思考。无法忍受孤独的人，竭力使自己的大脑中一片空白，他们尽量避免动脑筋，在心理上自己已经被自己的思想吓坏了。这些人会随着岁月的流逝而变得心胸狭隘，目光日益短浅，行为也会变得幼稚可笑。自然不会有坚忍不拔、沉着稳健的作风。忽略了自己大脑的思考能力的人不可能成为一个出色的管理者和领导者。

领导阶层和管理阶层最主要的工作就是思考，迈向领导之路的最佳准备也是思考。因此，我们每天都应抽出一定的时间练习合理的单独思考，并且努力朝着成功的方向去思考。久而久之，就会发现，我们已经培养起了自己的领导气质、自己的管理才能。

这时候，我们距离成为头狼就越来越近了！

敢冒险的人才会有大成就

要实现野心、成就梦想，就要具有冒险精神。野心、梦想从来都不会轻而易举地信手拈来，有时还会伴随着巨大的风险。所以，一个缺乏冒险精神的人，即使想了、做了，也未必会梦想成真。人生成功的要素首先是要有冒险精神，但不是盲目冒险。成功者首要的是要目标明确，在目标的召唤下勇敢地去做、冒险地去做。

当我们女人准备去进行一次不寻常的行动时，一定要有冒险精神。世界上有许多人缺乏胆量，不敢冒险，只求稳妥，所以一事无成。当然冒险不等于粗枝大叶、闭眼蛮干；也不是只谈论、只求前进，而不管实际。我们要分清楚哪些是敢作敢为，哪些是莽撞蛮干。

在某些时候，我们女人必须采取重大而勇敢的行动。在生活、工作中涉及冒险时，许多人常常犹豫不决。也许这种人就是对一切顾虑得太多，所以他们生性谨慎，总是推迟重大决定，有时甚至无动于衷。

一个有志成功的女人必须要有冒险精神。如果惧怕失败，不冒风险，求稳怕乱，平平稳稳地过一辈子，虽然可靠，虽然平静，但那只是一个悲哀而无聊的人，一个懦夫。

最为痛惜之处在于，这个女人自己葬送了自己的潜能。他本可以摘取成功之果，分享成功的最大喜悦，可是他甘愿把它放弃了。与其造成这样的悔恨和遗憾，不如去勇敢地闯荡和探索。与其平庸地过一生，不如做一个敢于冒险的英雄。

在这里应当说，冒险精神不是探险行动，但探险家的行动必须拥有足够的冒险精神。所以，郑和下西洋，张骞出使西域，哥伦布发现新大陆，麦哲伦环球航行，都展现了人类最伟大的冒险精神。不具备这一点，成功就与他们无缘。

有的女人总担心失败，她们总会找出各种各样的理由，来使自己不去冒险。最后，她们一事无成，只能羡慕地望着别人。有的女人总害怕困难，将一些很有意义的事，推给了别人，但当别人历尽艰险得到掌声和鲜花后，她们又后悔当初不该将机会拱手相让。

有的女人害怕去冒风险，因为她们总想躺在幸福的港湾里——风平浪静，无比留恋安逸和舒适。毕竟，风险常常会是失败的导火索，常常意味着放弃到手的一切，意味着要承担许许多多困难和压力。也许做人用不着挑战，四平八稳是最好的。如此，我们的世界会不会进步？人类的文明和繁荣是不是一纸空文？

我们应该知道，做任何一件事，完成任何一种工作，都不可能有百分之百的把握。即使在我们的日常生活中也常常有风险，只是风险概率低些罢了。风险可能会导致失败，但如果我们能化险为夷，那么我们获得的回报将远远比不冒风险所取得的回报要高得多。

鲁迅先生说过：世上本没有路，走的人多了，也就成了路。敢于第一个吃螃蟹的人是多么难能可贵。要不然，世界上就不会有那么多伟人、著名科学家、企业家和诺贝尔奖获得者。

例如，永不安分的大发明家爱迪生，为了发明电灯，研制经济适用的灯丝，承受了数百次失败的风险，最终获得了成功。

又如，发明蒸汽船的富兰克林，一开始，人们讥笑他的船是"富兰克林的怪物"，抱着看热闹的心态来欣赏他出丑。但是他没有退缩，屡败屡试，不断改进，最终获得了非凡的成功。还有发明飞机的莱特兄弟，敢于想象不可思议的事情，甚至付出了生命的代价，为后人开辟了一条飞天的道路。

我们说一件事情有风险，往往就意味着完成这件事困难比较大，不确定因素比较多，而保险系数比较小。因此，人们一般不愿冒险。可是成功的人往往喜欢冒险，因为他们知道：风险就如一座险滩，渡过了这座险滩，就是风平浪静，就是胜利的喜悦。第一个敢吃螃蟹的人，往往能成为一个成功者。

人类如果失去了冒险精神，还有火箭升空、嫦娥奔月的壮举吗？人类如果失去了冒险，还有收看电视、驾车出游的喜悦吗？想成功，就得有冒险精神！想成功，就得有异想天开！因为谁也不愿永远停留在原始的洪荒年代！

然而，划时代的探险行为不是时时发生，也不是每一个冒险家都会碰到的。正因为这样，日常生活、科学实验、军事行动及工商活动等所体现的冒险精神更有普遍意义，更值得人们思考、体验。

所以，野心加上冒险才能让我们女人步入人生的巅峰。

热忱，能突破任何艰难险阻

热忱是什么？热忱就是将内心的感觉表现出来，挖掘人们对讨论自己感兴趣问题的兴趣，并打动其内心世界。

"热忱可以融化一切。热忱源自内心，它不是虚伪的表象。热忱使人充满着魅力和感染力。在一个积极有为的人面前，纵然是坚冰也不再冷漠。"

实际上，热忱与内在精神的含义基本上是一致的。一个真正对生活热忱的人，他内心的光辉熠熠生辉，一种炙热的精神就会深深地根植于人的内在思想中。

无论是谁心中都会有一些热忱，而那些渴望成功的人们的内心世界更像火焰一样熊熊燃烧。这种热忱实际上是一种可贵的能量。用我们的火焰去点燃别人内心热忱的火种，那么，我们又向成功迈进了一大步。

爱默生说："有史以来，没有任何一件伟大的事业不是因为热忱而成功的。"这是迈向成功的路标。

一个女人的成功因素很多，其中最不能缺少的就是热忱。没有足够的热忱，不论我们有什么样的能力，都是不能充分发挥的。热忱是出自内心的兴奋，然后散布充满到整个人的肌体。热忱就是一种炙热的、精神的特质，深存于一个人的内心。

每一个成功的人士，都有一种疯狂工作的热情。这种热情就是他内心热忱的巨大迸发。这种热情也是我们成功和成就的源泉。我们的意志力、追求成功的热情越强，成功的概率也就会越大。热情很多时候也是一种状态，一种潜意识，如果能发挥出我们的潜在意识，即使我们是一个普通人，也能创造奇迹。

一个真正充满热忱的人，我们可以从他的眼神里，从他勤快的步伐里看出来，还可以从他全身的活力中看出来。热忱可以改变一个人对他人、对工作的态度。

热忱可以使一个人更加喜爱人生。热忱是假装不出来的。两个奋斗的人，最终一个成功，而另一个失败。最大的原因是一个人具有了真正的热忱，而另外一个人则是假装的。不但如此，热忱还可以使一个人走出浑浑噩噩的消极状态，奋发做事。

热忱是工作的灵魂，甚至就是生活本身。年轻人如果不能从每天的工作中找到乐趣，仅仅是因为要生存才不得不从事工作，仅仅是为了生存才不得不完成职责，这样的人注定是要失败的。

热忱是战胜所有困难的强大力量。它使我们保持清醒，使我们全身所有的神经都处于兴奋状态，促使我们进行内心渴望的事；它不能容忍任何有碍于实现既定目标的干扰。

热忱，是取得所有伟大成就的过程中最具有活力的因素。它融入了每一项发明、每一幅书画、每一尊雕塑、每一首伟大的诗、每一部让世人惊叹的小说或文章当中。

成功与其说是取决于人的才能，不如说取决于人的热忱。

就像美一样，源源不断的热忱，使我们永葆青春，让我们的心中永远充满阳光。记得有位伟人如此说："请用你的所有，换取对这个世界的理解。"我要这样说："请用你的所有，换取满腔的热情。"

有热忱，我们女人就会变得更强大。

第五章

生命的辉煌等你来铸造

坚信自己可以成为一个不寻常的人，在达到成功之前，不可能没有冒险，也不可能没有失败。然而，失败者和成功者之间的最大差异，就在于是否有积极的心态。莫要计较昨日的是非成败，抱定信念，全力拼搏，明日笑傲生命巅峰的人一定有你！

成功向来不是一件简单事

在走向成功的途中，要做事而且是做大事的人，都是充满野心，不满现状的，几乎没有例外。他们了解，他们目前所在的地方，是到达他们想要去的地方的过程，而且他们不会沿路嬉戏蹉跎。他们心中有特定的目标，忙碌地追寻它们，并且努力去做。

对那些想要在公司阶层中爬升，或建立他们自己的事业，并且同时要与家人和朋友维持均衡生活的人，一周工作40小时，通常是不够的。这些人持续在做的另一件事情是放弃一些不但没有生产力、而且是有害的事情。

也就是说，在电视机前浪费无数个钟头，或在回家途中的酒吧里毫无建设性的闲扯。认真对待成功的人，会表现在他们做与不做的事情上。金克拉曾经讲过这样一个故事：

"最近，我需要一个新的录音机。因为我喜欢我一直在用的那一个，所以我走进卖录音机商店，拿着我的录音机，问他们有没有同样的。经理说：'有的。'然后转身叫站在他旁边的年轻人，请他去拿。

"年轻人非常缓慢地走到商店的后面，甚至更慢地回来，如此缓慢，以至于我必须站在两排置物架之间，以确定看到他有没有移动。如果这个年轻人继续以这种方式生活，他将会发现，他自己的大部分时间会是失业，并且在其他时间里做着薪水很少的工作。

　　"我会这么说，是因为我年轻的时候在杂货店工作过。从一开始，我的老板就教我动作要快。如果我没有很快地为顾客拿东西的话，我的老板会大叫：'快点儿啊，小子！顾客正在等着呢！'这表示，顾客真的是我的雇主，如果我要保住我对那个雇主的工作，我必须动作快一点。"

人们说，人格就是"你在黑暗中做的事。"人格是"在兴奋的片刻过后，实行良好的解决方法的能力。"已故的卡维特·罗勃特说，有时候生命会丢给你困难的情况，但坚韧和坚硬是不同的。作家乔伊·巴腾的书《坚韧意志的管理》是一部经典，他这么说：

　　"花岗岩是非常硬的，但是你可以用一把锤子把一块花岗岩板打碎。然而，你拿出一块皮革，皮革是很坚韧的，你可以用锤子打了又打，直到它出现小的凹痕，尽管拼命锤打，也只会给皮革造成一点点损害。"

在许多情况下，你都不必担心过度努力工作。根据心理学家所说，以有效率的极度努力工作的人，很少抱怨自己筋疲力尽。那些对自己的工作感到厌倦、对未来感到挫折、担心他人的婚姻，或担心他们的财务状况的人，比极度努力地做着他们满意的工作的人，消耗更多紧张的精力。把精力花在情绪上的人，比较容易抱怨长期的倦怠。

巴腾说的是，当你被攻击的时候，你应该成为坚韧的人，而不是强硬的人。你不必是弱者，但是你需是有同情心的、温和的而且有弹性的人，特别是在过程中。

有时候你必须特别地坚韧，以保护你的人格。当今的年轻人尤其需要这种认知。在之前的美国总统选战中被大量讨论的是，私人生活是否与其身为公仆的行政管理能力有何关系。基本上，被提出来的问题是"人格真的有那么重要吗？"

这些讨论中最困扰我的是，年轻人可能被引导假定，如果那些高阶层的政治人物，不相信人格是很重要的，那么他们也不应该相信这很重要。

为你的孩子定义人格。向他们解释，他们对自己的感觉，展现在他们日常生活中的人格。如果你能够帮助他们看见内在感觉和外在行为之间的关联，当他们成熟的时候，他们做出的选择，将会反映出越来越多的人格。

赌博与承担风险是非常不同的。我的1828年《诺亚韦伯字典》说，风险是一种"向前推进，一阵急涌。"它是"大胆并且直率的。"赌博是更危险的事。比如说，我读过的一篇文章显示，如果你每天在赌场玩吃角子老虎连续两个月，那么，在你赢得美金1000元之前，你有先输掉1000美金的可能性。这不是赌博，这是抢劫。

其实，不愿承担风险的人肯定会输。如果你拒绝新的升迁，因为你不确定你拥有做那项工作的技能，当其他机会出现的时候，你很可能会被忽略。

如果你害怕拒绝，你将不会冒险去成为有益的开创者，你将会错过生命中最好的时机。如果你把你所有的钱放进银行存起来，让你总是能够拿得到它，而不是拿去买ＣＤ或股票，你将无法了解你承担风险可以得到的收获。

　　拿农夫来说，当他们种植农作物的时候，绝对是承担了风险。他们投资相当的金钱于他们的动力中，然而他们必须依赖气候的仁慈、经济形势、土壤情况、劳动供给……才能获得收成。

　　如果那些农夫不愿意冒险并且种植农作物，他们将会自毁收入状况。生命的每个方面都包括了某个程度的风险，但这不表示生命是危险的。那只表示事情有可能不会依照你的计划进行。

　　生命讽刺的事件之一是，当我们没有时间第一次就把事情做对的时候，我们总是会找到再做一次的时间。是的，这很讽刺，当它到了非做对不可的时候，大部分有责任感的人会立刻去做。如果他们一开始就多投资一点时间，他们可以为自己省下再做一次的时间和麻烦。

　　问题是他们发现："我会在绝对必要的时候才去做。我会在我绝对必须打这个服务电话的时候才去打。"

　　那时候，客户可能已经很不高兴了，要满足这个客户可能要花三倍的时间和努力。"我知道我快没油了，但是我真的很急，所以，等我脱离这些塞车之后，我会去加油的。"我们都知道这个故事的下场，对吗？

　　有时候，当有人需要我们的某个东西，我们可能会说："等我完全准备好了就会去做！"不要"等到……的时候"才去做，而是应该现在就去做！

　　一年有525600分钟。不幸的是，许多人都浪费掉了许多时间。那些享受均衡成功的人，在他们的个人、家庭、事业、性灵、生理与经济生活中，是那些最能有效利用时间的人。成功与不成功的人，每天都同样拥有1440分钟。他们以各种不同的方式使用时间，并且得到各种不同的结果。

适当的时间管理，是渴望成功的每一个人的必要的东西。时间是你最重要的东西，而且绝对是你最可靠的用品；你每天都可以得到相同的数量。当你让那些时间溜走的时候，它们是永远地消失了。

你记录你一个星期中每天所做的事。把一天分成30分钟一段，并且记录下你在那30分钟里做了什么。在大部分的情形下，你将会惊讶地发现，一天中有一个小时或甚至两个小时，你几乎什么都没做。在这个过程，让你了解那难以置信的时间，以5分钟、10分钟、15分钟的片段，从你的指尖流过。

培养更有效的工作习惯的第一步，是设定实际的目标。然后，你需要利用你拥有的时间。赫伯特·胡佛用他等火车的时间写了一本书。诺尔·克劳德在塞车的时候，写了受到大众欢迎的歌曲《我将再次见到你》。你拥有的时间，和托尔斯泰写《战争与和平》的时候一样多。你拥有的时间，也和爱迪生发明灯泡的时候一样多。

再来看看金克拉怎么说？"我观察到，制作'待作事项'清单，并且会'一心二用'的人，能从他们的时间里得到最大的收益。什么是'一心二用'，你可能会问。这里有一些例子：

> 我从来不会没带任何可以阅读的东西就去排队。因为使用这个策略，我可能一个星期可以抢救一个小时的阅读时间。在我的车里，我几乎总是在听启发性与信息性的录音带。我用同样的时间到达我的目的地，但是我同时为生命中的机会做了更多准备。这是典型的'一心二用'。玛丽·凯

化妆品的玛丽凯·艾许，假日大饭店创建者瓦勒斯·詹森，以及联合保险的克来蒙·史东，全都告诉我，他们常常在他们的车里听录音带。你可能没有时间当个书虫，但你可以是录音带虫。"

挤时间阅读和学习，把你的时间做最好的利用，并且利用生活中的"一心二用"。每一天都很重要，你使用它的方式，决定了对那些跟随你的人有多重要。因此，聪明地使用你的时间，因为时间的缺乏不是问题——拥有方向感并且聪明地使用你的时间，才是重要的因素。

铸造顽强的意志力

美国的励志成功大师拿破仑·希尔曾说过："要实现自己的梦想，就必须像最伟大的开拓者一样，集中所有的意志力坚持奋斗，终其一生成就自己的才华。"

世界上很多人之所以不能成功，不是因为他们没有能力，而是因为他们没有坚持到底的超强意志力。只有凭着坚强意志支撑到最后的，才是真正的赢家！

意志力是人格中的重要组成因素，对人的一生有着重大影响。人们要获得成功必须要有意志力做保证。早在两千多年前孟子就说过："天将降大任于斯人也，必先苦其心志，劳其筋骨，饿其体肤，行拂乱其所为，所以动心忍性，增益其所不能。"这段话生动地说明了意志力的重要性。

中国女排17年后重温冠军梦，就是中国青年坚强意志的楷模。我们女性朋友也要像女排姑娘那样，具有火热的感情、坚强的意志、勇敢顽强的精神，克服前进道路上的一切困难。

女性朋友们，让我们来看一个残疾少年的奥运故事。

2007年世界特殊奥林匹克运动会上，一位叫阿卜杜拉的运动员感动了全世界。他来自沙特阿拉伯，重度智障而且还患有残疾，参加的运动项目是游泳。

在一场50米自由泳小组赛中，他出发了，他游得很慢，根据规定，当运动员遭遇困难时，专业志愿者可以进入水池中引领他游完赛程，并将他带出游泳池。

但是他的父亲兼教练不让，就是要他一个人完成比赛，在终点，父亲在那里站着，等着他。

此刻全场观众起立，开始有节奏地打着拍子，并鼓励他继续前行，父亲涌出两行热泪。

当小阿卜杜拉凭着顽强的意志力触壁的那一刻，全场观众爆发出雷鸣般的掌声，所有人都为小阿卜杜拉感动落泪。

这是对人类自身的一次挑战，小阿卜杜拉完成了他人生中十分重要的一刻。重新坐上轮椅的他，向观众飞吻致意，感谢大家的支持，全场再度响起掌声。

为什么大家给了小阿卜杜拉如此热烈的掌声，是因为他游了最后一名吗？当然不是，而是因为他有超乎常人的顽强的意志力，让人们情不自禁地发出赞叹和尊敬的掌声。

　　要在没有人帮助的情况下，克服智障和残疾的双重困难，游完全程；要在明知自己是最后一名的时候，也不放弃自己的努力；阿卜杜拉的意志力让我们所有人感动！这是多么顽强的意志力啊！

　　意志力是我们成功的保证。海伦·凯勒在19个月的时候因为猩红热丧失了视力和听力。不久，她又丧失了语言表达能力。然而就在这黑暗而又寂寞的世界里，她并没有放弃，而是用坚强的意志力，克服了生理缺陷所造成的精神痛苦。

　　海伦·凯勒热爱生活：会骑马、滑雪、下棋，还喜欢戏剧演出，喜爱参观博物馆和名胜古迹，并从中得到知识，学会了读书和说话，并开始和其他人沟通。而且以优异的成绩毕业于美国拉德克利夫学院，成为一个学识渊博的人，掌握英、法、德、拉丁、希腊五种文字的著名作家和教育家。

　　海伦·凯勒走遍美国和世界的各地，为盲人学校募集资金，把自己的一生献给了盲人福利和教育事业。她赢得了世界各国人民的赞扬，并得到许多国家政府的嘉奖。可见意志力对于一个人的成功具有多么大的力量啊！

　　意志力是我们成才的基石。哥德巴赫猜想，被誉为"数学皇冠上最耀眼的明珠"，为了摘取这颗明珠，我国著名数学家陈景润不顾嘲笑和诽谤，在没有电灯的6平方米的斗室之内进行着艰苦的研究工作，他尽管重病缠身，却仍然专心致志地向"哥德巴赫猜想"这个数论的城堡挺进，终于获得了重大成就。

　　贝多芬，这位19世纪最伟大的音乐家，作为作曲家，他偏偏在最辉煌的时候双耳失聪，但是他扼住了命运的咽喉，凭借顽强的毅力，为我们留下了《英雄交响曲》《田园交响曲》《献给爱丽丝》等不朽名篇。尤其是《命运交响曲》，犹如自己人生的真实写照。

如果我们缺乏意志力，那么，即使我们生活的条件再好，天资禀赋再高，也只能是一事无成。

我们女性在学习生活中，经常会遇到这样的例子：

有的同学为了逃避苦和累，竟然装病不上班，更别说加班了。这样的行为只能说明他们意志力不坚强。

还有一些女性一遇到困难就逃避，把难题交给别人处理。久而久之，她们就会养成破罐子破摔的心理，每当碰到一点小困难就犯晕，不肯钻研。这样下去，轻则丢掉自己的工作，重则贻误自己的一生。究其原因，就是意志力不坚强。

有一名游泳运动员，在比赛进行了好长一段时间后，终于筋疲力尽了，就草率地选择了放弃。可是，当他爬上小船准备离开时，他追悔莫及，原来终点就在眼前。

假如这名运动员当时只要再坚持一会儿，他就可以夺得金牌，成为万众瞩目的焦点。可是他快要成功的时候放弃了，多年来的努力都付者东流，多么可惜呀！

每个人在接近终点时感觉是最累的，也是最容易放弃的。但是，只要你坚持，无论你有没有获奖，都是最棒的！

顽强的意志力就像我们的一个朋友，它可以助我们一臂之力，帮我们渡过难关。我们应该像阿卜拉杜那样，顽强拼搏，以顽强的意志力战胜困难，让不可能成为可能！

"宝剑锋从磨砺出，梅花香自苦寒来。"人的一生不可能是一帆风顺的，总要经历各种困难。面对困难，有的人唉声叹气，畏缩不前；有的人精神振奋，意志坚强。只有不畏困难，才能达到成功的彼岸。

正如苏联著名作家奥斯特洛夫斯基所说的那样：

勇敢产生在斗争之中，勇气是在每天对困难的顽强抵抗中养成的。我们青年的箴言就是，勇敢、顽强、坚定，就能排除一切障碍。

无论干什么事，我们都要有坚强的意志！坚强的意志是我们的心理支柱。对于我们人类来讲，没有坚强的意志就成了一具无生命的躯壳，一个临死的灵魂。

女性朋友，相信你自己吧，让自己坚强起来，不要萎靡！要想有一面牢不可破的盾牌，就要站在自我之中。一个牢固的三角，支持它的是形状；人，则是坚强的内心。伟大的作家雨果曾写过这样一首诗：

如果只剩下一千人，那千人之中有我！

如果只剩下一百人，我还要斗争下去！

如果只剩下十个人，我就是第十个！

如果只剩下一个人，我就是那最后一个！

这首诗表现了我们坚强的意志力，这是支撑我们活下去的勇气，是最强大的动力。立志不坚，终不济事，有了坚定的意志力就等于给我们添了一双翅膀，让我们向最后的终点冲刺。

女性朋友，让我们像雨果诗歌中讲的那样，具有坚强的意志力！当黑夜快要结束，光明就要到来时，总还会有最后的阴影。坚持等到那日出东方吧！

六个助你成功的策略

一是学会用肢体语言沟通。除了说话，你还可以用你的脸部表情和身体语言沟通。你曾经听过有人问你："你还好吗？"而且当他们说你看起来闷闷不乐、疲倦、忧愁、不快乐……的时候，你会感到很惊讶，因为你以为你把你的情绪掩藏得很好。

你当然见过看起来如此沮丧的人，他们垂头丧气，并且脚步沉重，让你想要仔细观察，问他们出了什么问题，并提供任何方式的帮助。光是看着他们，你就可以"感觉"到他们的痛苦。当那些从你的嘴里说出来的话，和你的脸部表情，或你的身体姿势不符合的时候，会使你正在试着沟通的人困惑。想想这些例子：

当同事或员工正在告诉你某件事情，而你却在你的桌上随手翻阅一些文件，你沟通的讯息是，你正在做的事，比对方正在说的话更重要。当你在同事或员工对你说话的时候，注视着那个人的眼睛，点头或摇头，你沟通的讯息是，你正专心地听着，而对方说的事对你很有意义。

作为一个经理，当你一直紧闭着你办公室的门，你沟通的讯息是，你不想要你负责管理的那些员工来打扰你。一扇开启的门，会鼓励坦白开放并且让你变得可亲，这使你成为你掌管领导的团队中的一分子。

当工厂主管把他的办公室，设在后门紧邻停车场的地方，并且让门开着的时候，他对员工沟通的讯息是，他对他们是开放的，并且对他们要讲的话感兴趣。当他的办公室高高在上，并且紧闭着门，他传达了完全不同的讯息。

所有的沟通都送了许多讯息，有一些是人们不想要的。比如来说，老是迟到的人传达的讯息是：他们相信自己的时间，比等他的人的时间重要。大多数的人都能够原谅偶尔的迟到，但是那些一天到晚迟到的人，会失去朋友与影响力。

二是培养厚脸皮。成功策略之一是培养厚脸皮，来处理针对你的讥讽。有些需要，有些不需要。你如何处理批评？你失去你的冷静，变得防御或愤怒，或是气得冒烟？大家都知道，你可以这么做，但是它们没有任何建设性。

我喜欢杰·蓝诺的方法很适合推广。当他继强尼·卡森之后主持"今夜现场"的时候，蓝诺受到严苛的批评。评论家不时地拿他和卡森做比较。由于这些批评，人们认为他麻烦大了，认为他继续主持下去的时日恐怕不多了。很幸运，蓝诺从来不放在心上。

事实上，他在他的桌上放了一大堆令人不悦的评论，以提供灵感。一位评论家说："太多软性问题"。另一位说："他太温和了。"虽然如此，这些无情的话并没有困扰蓝诺，因为他们在1962年对杰克·法尔的继任者说的是："一个叫作强尼·卡森的笨拙的无名小卒。"

你可以确定：任何做得很杰出的人，无论在哪个领域，都会被批评。成功者处理那些批评的方式，是他们成功的一大部分。

三是学会服从。成功策略的另一个特色，是老式的"服从"。据了解，在我们的社会，这个字不但是个"外国字"，而且许多人认为是贬低身份。然而我相信这个观念极为重要。领导能力的第一项原则之一是，了解在你成为领导者之前，你必须学习跟随，那表示你必须学习服从。

一次金克拉在机场看见一个少年，身上穿的 T 恤写着"我不服从任何人"。他忍不住为那个年轻人难过，因为如果他真的是那个意思，他将会无法领导任何人。你可以这样看：财富杂志500大公司的董事长中，有175个是前任美国舰队军人，并且有26位董事长在军队服役过。这是很显著的比例，这些成功人物，在政治界与商业界都进入最高阶层。

这些人成功的部分原因，是因为他们在军队中学习到的。在他们学习当领导之前，他们学习服从。从新兵训练营开始，教官就训练军队服从。他们没有挑战或质疑的选择，只有被训练去服从命令，无论是什么。

科林·鲍威尔或许是全美最受高度尊敬的人，由于他值得效法的生活：他从在百事可乐工厂拖地，到进入预备军官训练部队，然后一直爬到军队中的最高司令，成为参谋长联席会议的主席。这说明了，军队把每一个人都放在同样的基准上。新兵从得知他们有工作要做开始学习，而且他们被要求一致的标准，以完成他们的目标。

同样的，在公司里，终究要有某个人负责最后的决定。那些遵守游戏规则并且学习服从的人，把他们自己放在最好的位置，学习如何命令或领导组织到更高的阶段。

四是要有勇气。当某个简单的想法受到瞩目，并为原创人带来名望与财富时，大多数的人都会感到羡慕。我们不是都曾听过这样的话："我几年前就想过同样的东西了，只是一直没去做！"

哲学家怀·海德观察到："几乎所有的新想法，当它们第一次出现的时候，都有愚蠢的一面。"科学史上有许多例子。哥白尼说地球绕着太阳旋转。巴斯德说疾病是由称作"细菌"的微生物引起的。牛顿称一种看不见的力量为"地心引力"。

在他们的年代，这些科学家会是顶尖的喜剧演员，只要他们站上舞台朗诵他们的理论。威廉·詹姆士说："首先，新理论被攻击为荒谬的，然后它被承认是真实的，这是显而易见和无关紧要的。最后，它被视为如此重要，以至于它的敌手纷纷宣称是自己发现它的。"

许多人一生都没有勇气冒险前进，即使只是一点点的勇气。当金克拉还是个年轻人并开始从事事业的时候，有一个星期六早晨，他坐在家门前的阶梯，在完成他工作之间休息一下，邮差刚好来了。天气很热，他正流着汗。他们寒暄了一下，金克拉问他做得如何。

他永远无法忘记他的回答："我只剩12年来做这些事，然后我就可以卸下这个袋子，从此不再提起它。"这听起来像是他不喜欢他的工作。他说，他真的痛恨每天的工作，以及他走的每一步，但是他已经做那么久了，而且打算再撑12年，拿到他的退休金。

缺乏勇气或单纯的恐惧，使他无法去做别的工作，我对此感到遗憾，一个人如何能够奉献于他完全痛恨的工作中呢？似乎，只要一点点勇气，在他了解到他的未来，将不是自己想要的之后，他就可以很快地迈出去。

当你拥有勇气的时候，你会跟随你的愿望。所有移民来到美国，是因为他们有愿望。他们为了这一趟旅程，放弃了许多。不只是他们拥有愿望，愿望中也有他们。没有勇气，愿望将会无法成真。

是的，勇气是在日常生活中存在的，只有勇气能从生命中挤压出最多的东西。下回你面对决定，仔细地衡量并且慎重考虑什么是正确的事情，然后召唤勇气来做正确的事情，你将会很高兴你这么做。

五是要掌握好宽容的尺度。不宽容，也必须纳进有用的成功策略。在我们这个时代最大的灾祸之一是，全世界都把"宽容"这个字视为一种美德。宽容被平面媒体或大或小的呼声所褒扬。我们不应该独断，我们必须宽容其他人以及他们的观点。

实际上，每一个人应该不宽容许多事情。举例来说，那些虐待孩子、虐待妻子，或宣扬仇恨与暴力的团体，应该被宽容吗？我们真的有容忍人们说和做、相信任何他们所做的事情的权力吗？

问题的关键是"宽容"和"开放心灵"之间的混淆。对于人与想法，心灵是开放的，直到它很显然变成不道德的、不伦理的、或违法的人与想法。

举例来说，我将不会捍卫恋童狂的权利，而且我希望你对他们的宽容标准也是零。我对恋童狂的公平审判权将会是宽容的，但是不容许他或她继续虐待孩子的权利。

诚挚地希望，你也是不宽容的。鼓励你保持开放的心灵。对于其他人相信他们所相信的事的权利，要宽容，但是如果他们相信的事违背神或人类法律，鼓励你不要宽容。

六是巧用幽默感。成功策略应该包括幽默。良好的、诚恳的笑容对健康有益，已是广为人知了。笑带来的紧张感的减轻是显著的。而幽默对其他人的影响通常是正面的，因为每一个人都会和愉快的、乐观的人在一起，他们从生活中得到真正的乐趣。

金克拉喜爱的趣事之一，是关于他到休闲中心做运动与举重。他时常说他必须减少举重，因为他变得太壮了，许多人都以为我服用了药物。一般而言，当你超过70岁而且说了这样话，将会引发许多的良好笑声。如果是一个年轻魁梧的、30岁的人用这个例子，就一点也不好笑了。相反的，听起来有点自大。

幽默也有助于建立成功的人际关系，因为我们全都喜欢和有趣的人打交道。在事业上幽默感的人是比较被喜欢的。而且，如果其他条件都相同，管理者会提拔有幽默感的人。

有良好幽默感的人不会过度严肃地对待自己。相信各位很喜爱这个故事，一位女士正在电话上和业务员说话，在几分钟之后，她说："喔！你正在试着要卖我东西！谢谢老天！我还以为你要搜集，我已经买了的所有东西呢！"良好的幽默感是随处可得的。

成功的习惯是你能够拥有朋友中最好的，尤其在事业上。仔细看看，这位不知名作家对于习惯所说的：

"我是你不变的朋友。我是你最大的帮忙者或最重负担。我将会推动你向前并向上，或把你拖进失败。我完全任你发号施令。你做事情有90%可能刚好是因为我……"

学会从失败中寻求改变

你是否记得，福特汽车公司所生产的艾索车种曾经被消费者视为败笔之作。公司损失了数以亿计的金钱，并把这种车全数销毁，还成为许多人的笑柄。

但是这个故事并没有就此结束，被人打倒并不代表失败，只有自己放弃才是真正的失败。福特公司没有自暴自弃，公司上下努力研发的结晋，推出了更新的车种"Mustang"。时至今日，它仍然是该公司销售量最大、获利最多的车种，工程师们又根据研发Mustang的经验，研发出Taurus车系，并且在美国汽车销售量中独领风骚。

这个故事告诉人们，人难免会犯错，犯了错也并非十恶不赦，但是一定要知道反省：如何从这次失败中寻求改变，才能使自己成功？这才是做大事的开始。一个没有受过锻炼的人，绝对无法发挥所有潜力。美国橄榄球赛，传统上最具有挑战精神、历经千辛万苦、打败最强悍球队，才能赢得"超级杯"的头衔。

从失败、挫折中吸取经验，是福特公司成功的原因之一。就整体而言，艾索车种毕竟是成功的。记住这个故事所带来的启示，就会使你的"艾索车种"踏上成功之路。

高尔夫球界有许多传奇性的人物，例如杰克·尼可拉斯、拜伦·尼尔森、鲍比·琼斯、班·贺根、阿诺·马玛等，但是无论从任何一方面来看，班·贺根几乎都可以说是佼佼者。

贺根所得过的奖多得不胜枚举，包括1932到1970年间242次职业高球协会所办的比赛。服役两年之后，他在1946到1948年之间，赢过30场比赛。

但最令人津津乐道的，则是1949年2月2日迎面撞上一辆车使他一辈子都不能再走路或打高尔夫球。但是仅仅16个月之后，他竟然能参加1950年全美高球公开赛，并且在这场奇迹似的比赛中获胜。

鲍伯明白人生难免一死，因此他早已在奈洛比训练一名队员接续他的工作。1990年以来，鲍伯的足迹遍及各大洲，到过21 1个国家。目前，他还在计划拜访瑞典及法国。

他认为自己身体健康，可以环游世界各地，全都是上帝的恩赐。他的信仰坚定，相信既然上帝会向他挑战，就一定会帮助他完成任务，因此他在国外时从来不会担忧害怕。

以鲍伯·柯帝斯坚定的信仰及乐观的态度，虽然已年届85岁，或许10年之后，我还会再撰文报道他的另一番成就呢！鲍伯·柯帝斯的故事的确能给所有人以鼓舞，他这种讲求实际行动的作风，的确值得每一个人学习。

鲍伯·柯帝斯已经高龄85岁，却仍然生气勃发。他80岁结婚，已经是非常稀罕的事了，更令人咋舌的是，他最近又为了传教到肯尼亚旅行了一趟。这一趟旅程足可累倒许多年龄不及他一半的人，他却很坦然。这6个星期中，他曾经花了8天步行拜访首都奈洛比郊外的村落，当地不但没有汽车，甚至连像样的街道都没有。

目前，鲍伯仍然担任3份"全职"的工作，也是当初他到肯尼亚旅费的来源：他每星期有3天替汽车拍卖场担任司机，每天连续工作10小时，星期六固定替达拉斯的一家葬仪社工作；另外还担任一家牙科器材公司的地区销售代表。曾经有人问起他为什么要这么辛苦，鲍伯含着笑说："无论任何事，只要我能做得到，就一定要做。"

成功，这可是有勇气的人才能做到的

　　珍妮·凯若勇气过人，由于她的努力，全美各地有许许多多无名英雄因此引起大家的关注，并得到应有的鼓励。这一切改变，都是珍妮·凯若带来的，她是一个有胆识、肯投入、想象力丰富，并愿意比别人付出更多的人。

　　为了让大家注意到国内所发生的一些事情，她特别把焦点放在一些默默行善，使美国变得更美好的人身上。她辞掉工作，以信用卡借了2.7万美元，身兼作者、制作人、导播、推销、企划、创作人，完成了"无名英雄"这个电视节目。第一集在1991年12月播出。接下来3年中，每年都在黄金时段重播六七次。

　　珍妮·凯若说，如果早知她目前会知道的事，她或许就不会开始做这个节目了。想想看她的条件：单亲母亲，没有钱，又毫无制作电视节目的经验，却必须和那些经验丰富、有大把预算，又可以利用最先进科技制作节目的单位较劲。

　　这个节目对珍妮及许许多多其他人造成了很大的影响，包括一位摄影师，他觉得能站在摄影机后面拍摄那些了不起的人，自己也变得"重要"起来。他说："面对这些无名英雄，我才体会到，他们才是真正的英雄。能够拍摄他们，是我的荣幸。"

的确，这一切不同都是珍妮·凯若造成的。同样，你也可以给其他人带来快乐。你一定经常听人说："人生掌握在自己手里。"或者可以换成像我朋友泰·波德的说法："我们不能改变命运之神发给我们的牌，但是却可以决定怎么玩这一手牌。"

温蒂·史托克就决心贯彻这套哲理。她在佛罗里达大学一年级就读时，曾经在全班女子潜水冠军赛中夺得第三名。那时，她在竞争激烈的佛州游泳队中位居第二把交椅，背负全校的希望。

听起来，温蒂·史托克的确快乐、积极、成就杰出、能够主宰自己的生活，不是吗？一点都没错，她的确依照自己的理想创造了生活空间，虽然她生下来就少了双臂。

尽管温蒂缺少双臂，却十分喜爱打保龄球及划水，每分钟打字的速度也超过45个字。温蒂从来不把眼光放在自己所缺少的东西上，她只专心发挥自己所拥有的一切。其实，如果每个人都能努力运用自己所拥有的东西，不要为自己缺少的东西唉声叹气，可能比温蒂有更大的成就。

让我们以温蒂·史托克为楷模，积极思考自己所有的天赋，不论可能面对任何险阻都勇敢直前，人生必定会更有趣味、更有收获。

有人说，烦恼是"还没惹上麻烦，就必须透支的利息"。美国人最可恨的敌人之一，就是烦恼。它像摇椅一样，必须消耗不少体力，却只能在原地打转。

李奥·巴斯卡里欧说："烦恼不但不能减轻明日的哀伤，反而会剥夺今日的快乐。"

查理·梅尔博士说："烦恼对人体的循环及整个神经系统都有负面的影响。没听说有人因为工作过度而送命，但的确有人死于疑心病。"怀疑会带来烦恼，一般而言，造成怀疑的原因是不了解真相。

其实从数学的观点而言，烦恼实在毫无意义。心理学家和其他研究人员告诉我们，我们所烦恼、忧虑的事情当中，40%根本不会发生，30%已经成了既定的事实。另外有12%，是无端对健康产生忧虑。还有10%是生活中无关紧要的芝麻小事。这么结算下来，就只剩8％了。

换言之，美国人所担忧的事当中，有92%是杞人忧天，不但无益，反而有害身心健康。

怎样才能减少烦恼呢？那就是改变不了的事，就不要耿耿于怀、坐立不安。例如：我每年搭机的路程，经常长达20万里。飞机班次偶尔会取消或延误。那时，我就坐在候机室中等待适当的班机。

这时候苦恼、生气毫无作用。但是如果我把握时间，写完这一节，就掌握住了时间。像这样把生气、失望所耗费的精力，用来做有益的事，就是化消极为积极。

所以，在生活中遇到不如意的事，不要一个劲儿愁眉苦脸、烦躁不安，要积极采取行动，少烦恼，多行动。

现在一般大学的篮球队员个子都非常高，几乎可以和长颈鹿相比。相形之下，岱顿大学篮球队的吉斯·布瑞斯威尔真是矮得令人难以置信，他只有1.3米，他比该校校史上最矮的队员还矮两寸半。

布瑞斯威尔非常敬佩NBA常胜军夏洛特黄蜂队1.6米的布吉斯，后者又比第一个真正在NBA球赛中扬名的矮球员史巴德·魏柏矮一截。

最奇妙的，他的动作灵敏无比，三分球几乎从不失误，控球技术绝佳，就连篮板球都能得到，正如教练麦克·柯宏所说的："吉斯是个有心人，他的热情鼓励了观众。"吉斯·布瑞斯威尔给所有身材矮小，甚至身材有缺陷的人一样最好的礼物，那就是"希望"。

现在就是要告诉你：测量一个人的身高、体重非常容易，但任何仪器都无法测量出那位教练所说的"心"。只要能确认、运用、完全发挥内在的能力，人生之路将是无限的宽广。

希望你也能向这个年轻人看齐，帮助别人建立希望。金克拉进入推销业的前两年半中，生活起伏极大，"起"的时候寥寥可数。

　　每年8月的最后一周，公司有一个"全国特卖周"。在那个星期里，只需要推销、推销、推销。对金克拉来说，那是改变他一生的极大体验。

　　第一次碰到"全国特卖周"，他使尽了九牛二虎之力，总算得到以往两倍半以上的业绩。那一周过后，他驾车到乔治亚州的亚特兰大，在比尔·柯蓝福家住了一夜。

　　金克拉凌晨三点抵达之后，兴奋地畅谈过去这一周的所有细节，滔滔不绝地说了两个半小时。比尔始终非常有耐心地点头、微笑，时而加一句："很好！很好！"

　　到了五点半，他忽然发觉自己还没有问比尔的近况，只顾一个人说个不停。于是他十分尴尬地说："对不起！比尔！只顾着说我自己，你近来好吗？"

　　比尔仍然很有风度地回答："老金，谈那些做什么，你对自己这个礼拜的成绩很满意，可是我比你更骄傲。是我发掘你，带你入门，在你失意的时候鼓励你并安慰你，看着你成长，你绝对不会了解我的感受。有朝一日，你也有机会教导、训练一个人，当他展翅高飞的时候，才能体会到那种快乐满足的心境。"

事实证明，只要尽力帮助许多人得到他们想要的东西，你也一定能得到自己想要的一切。

世上无难事，只怕有心人

体育界有一句老生常谈，就是任何一天在任何地方，都可能有某一支职业队伍打败另外一队，过去的胜负纪录，在当时并不一定重要。对于技术高明、决心全力以赴的个人赛选手，这句话也同样适用。

1983年5月28日，凯西·贺华斯与玛蒂娜·纳拉提诺娃交手之际一年之内，她没有输过任何一场球赛，而且已经连赢36场。

1982年，玛蒂娜的纪录是赢球90场，只输过3场，对手都是世界数一数二的高手，例如克里斯·爱佛特·洛伊德及潘·史利佛。何况，凯西·贺华斯只有17岁，又有6万名观众在现场观看比赛。

这种比赛经常是新手先发制人，这一次也不例外，凯西在第一局以6比4领先，第二局中，玛蒂娜全力还击，以6比0的绝对优势获胜。

　　第三局的比赛仍是旗鼓相当，双方以三比三的比数相持不下，而且由玛蒂娜发球，万万没有想到，完全居于劣势的凯西竟然赢了这场比赛。有人问她采取的是什么策略，她的回答是："我一心一意只想赢球。"

这句话带给我们无限的深思，有许多人打球时只要不输就好，凯西·贺华斯却一心一意只想赢球，希望各位也都能以她为榜样。

　　他花了整整 8 年的时间，绞尽脑汁写了数不清的短篇故事及文章，寄到各出版社，却都被一一打入了冷宫。幸好他没有就此心灰意冷，这是他，也是全美国人的福气。

　　在海军服役时，他花了许多时间写报告及写信，因此文笔十分流畅，叙事极为明确。退伍后，他为了一圆作家的梦想，在 8 年之间努力不懈地写作，却连一篇文章都卖不出去。不过有一次，一位编辑在退还给他的稿件写着："很好的尝试。"

　　大多数人都不会把这短短的话放在心上，但是这个年轻人却深受感动，再度燃起希望之火及继续努力的毅力，无论如何都不愿放弃。

　　最后，在历经多年努力之后，他终于创作了一部在世界上都有影响的巨著，因此他成为70年代最有影响力的作家之一。他就是亚力士·海利。根据他的大作《根》所拍成的电视，成为最受欢迎的电视剧之一。

他的故事让我们体会到：只要有梦想，并且相信自己有达成梦想的能力，就要持之以恒地去达成梦想，千万不要放弃。或许也有人会对你下一次的努力夸奖道："很好的尝试。"

有了这一份鼓励，或许会使你信心倍增，扬帆再发。记住，再绕过一个路口，再翻过一个山头，或者再努力尝试一次，成功就在你眼前了。

对生活有积极态度是件好事。例如，你生了病去看医生之后，给你开始了药，叫你过几天再回诊。

如果你第二次去的时候，一走进诊疗室，医生就笑着说："你看起来好疡了，你对上次的药显然反应很好！"你必定觉得如释重负。生活也是如此，下面就是一个最好的例子。

目前的就业市场十分混乱，由于许多公司缩小规模、被其他公司合并或接收，许多人失业了。但是对许多人来说，这也创造了一些原本没有的工作机会。

根据《华尔街日报》报道，过去五年中，至少因此产生1500万个新的工作，其中半数以上属于女性。她们大多没有就业技巧，却都有迫切的经济需要。

这些工作大都是"信托"事业，也就是在货物尚未送达或尚未提供服务之前，就可以收取费用。《华尔街日报》报道，事实上那些女性之中没有任何一个因为收取费用未送货而被判刑。这可有意思了！

如果不是因为某些人的生活发生了不幸，那些工作十之八九都不可能应运而生。正因为发生了这些不幸，有了明显的需要，这些女性积极反应，因此她们的生活才比"悲剧"发生之前过得富裕。

如果你也能对生活积极反应，而不是消极回应，成功的机会势必会增加。一些人非常珍惜自己所拥有的东西，也有一些人一个劲儿抱怨自己缺少某些东西。

必须强调的是，经常萦绕在脑海里的事，会对我们的表现具有举足轻重的影响力。

你们都知道，1995年美国小姐选美冠军希瑟·怀特史东，从出生18个月之后就严重失聪，但是希瑟一直把注意力放在自己拥有的东西上，而不是她所缺少的东西。

幸运的是，她有一对挚爱她的父母，他们支持她、鼓励她，并参与她所做的每一件事。

这个美丽年轻的女孩不但头脑敏锐，而且精力十足、信仰坚定，做任何事都全力以赴。她的读音能力不好，也有许多教授及其他人协助她，甚至帮她抄写。

事实上，绝大多数的人都有自己的问题，但是许多人只知一味地为已有的问题伤神，却不愿尽力设法解决问题。这是事实，绝不是在鸡蛋里挑骨头。

我们都无法确实了解别人的感觉，有些问题也不是人力所能解决的。但是，只要具有合作、热心、亲切、积极的态度，自然会吸引许多人助你一臂之力，而且是迫不及待地想伸出援助之手。

点燃激励之火，迸发内心的力量

每个人体内都有一种伟大的自我激励力量，它会使我们的人生更加崇高。当我们养成一种不断自我激励、始终向着更高目标前进的习惯时，我们身上所有的不良品质就都会逐渐消失，因为从此以后，它们就再也没有滋生的环境和土壤了。在一个人的个性品质中，只有那些经常受到鼓励和培育的品质才会不断发展。

我们也许有过体验，那些已经制造好的指南针，在没有被磁化以前，无论放在哪里，其指针所指的方向总是各不相同。但一旦被磁化以后，它们就完全不同了。仿佛受到了一种神秘力量的支配。

究其缘由，指针在没有被磁化以前，地球的磁场对它们没有任何影响，指针也不可能指向北极。一旦被磁化，指针立刻就会转向北极，并且一直指向那里。

许多人就像没有被磁化的指针一样，习惯于在原地不动甚至没有方向，他们在进取心这种神秘力量被激发之前，对任何刺激都毫无反应。

然而，他们受到一种伟大推动力的引导和驱使，就会发挥出潜能，迈向成功。但如果无视这种力量的存在，或者只是偶尔接受这种力量的引导，就不会取得任何成效。

这种内在推动力从不允许我们停息，它总是激励我们为了更加美好的明天而努力。也许我们迄今所到达的境地也足以令人羡慕，但是我们却发现，我们今日的位置和昨日的位置一样，无法让自己完全满足。

一旦我们想原地踏步时，我们耳边就会响起那个声音，听到向更高目标努力的召唤。也就是说，总是有一种神秘的力量在推动我们追求更高的理想。

"努力向前"是宇宙中的所有生命都在努力达到的更高的境界。万物在进化过程中总是向前发展的。受前进的力量所推动，一条毛毛虫可以变成一只蝴蝶，但蝴蝶不会退化成一只毛毛虫，因为这样不符合进化的法则。

　　就连在地里的种子也存在这样的力量。正是这种力量激发它破土而出，推动它向上生长，并向世界展示自己的美丽与芬芳。

　　这种激励的力量也存在于我们体内，它推动我们完善自我，追求完美的人生。

　　人们通常能意识到，激励时常会扣响自己心灵的大门。但如果我们不注意它的声音，不给予它鼓励，它就会渐渐远离我们。正如一个人的功能和品质如果未加利用就会退化一样，人的雄心也会因未能得到发挥而退化，它甚至在尚未发挥任何作用时就消失得无影无踪。

　　只要我们女性心中具备哪怕只是一种最微弱的激励的种子，经过我们的耐心培育和扶植，它也会茁壮成长，直至开花结果。

　　所以，当这个来自内心、促你前进的声音在你耳边回响时你一定要注意聆听。它是你最好的朋友，是你前进的动力，将指引你走向光明和快乐，指引你走向成功。

　　在任何人类行为之中，行动激励是获得成功最重要的因素。因为具有行动激励的人可以克服一切困难，推动自己向前。

　　激励使人采取行动或决定。激励为人的行动提供动机，而动机是存在于内心的"驱策力"，激发我们采取行动。当强烈的情感如爱、信仰、愤怒以及憎恨混合起来的时候，它们产生的冲力，就是一种强烈的驱策力，可以维持一生而不变。

　　你也具有这种力量。你内心的驱使力量是可以掌握而加以利用的。它就像火箭一样，能把你发射到目的地。它是激励你的动力，别轻易放过它。

　　向前的动力是一种"内心的驱使"，驱使你去达到有价值的成就。如果你能善于运用这种动力，你就能获得财富、健康和幸福。

这种强大的推动力量会产生内心的驱动，驱使我们采取行动——去做我们应该去做的事情，但是也常常驱使我们去做我们不应该去做的事情。

有时候，你有心培养出来的内心驱使和传统的内心驱使是相冲突的，但是你可以选择正确的思想、采取适当的行动，以及选择适当的环境来化解这些冲突。

如此一方面我们可以达成传统的强烈内心驱动的目的，同时也可以在不违反最高的道德标准之下，运用这些驱使以追求完整的、快乐的生活。

"向前进的力量"是内心的驱使，可以发挥出一个人潜意识的无限力量，激励其自身不断进取，获得最后的成功。

甘于平庸、不思进取的人，纵有天大的才气，也使不出来。而要思想获得力量，如雄鹰展翅翱翔，发出生命的光和热，你不仅要有积极的人生观激励自我的潜意识，还必须点燃激励之火，它将激励你不断向前。

点燃你的生命之火，这种火能把你内心的力量发挥出来。事实上，你永远没有办法知道自己内心蕴藏着多么巨大的能量，只有在受到驱动和激励之后，你才能感觉到自己内心的某些潜力。

把你的才能呈示出来，搜寻你内心真正的潜力，然后再把你的潜力发挥出来。不要退缩，要全力发挥出来。

最有力的激励是精神的激励，所以，你应多接触一些精神方面的东西。应随接受能激励人的考验，应该经常使自己的接触可以激励你事物，以提升你的精神和心智，使你在情绪和智力上的反应都能更上一层楼。

多读一些励志的书，如著名人物传记。多认识一些有成就的人，多和他们交谈，仔细听听他们的想法、观念，研究他们的方法和经验。

请提高警觉，随时去接受那些真正能够激励你的神话般的奇迹，使你充满活力、动力，使你不停地思考、不停地追求、不停地梦想。心智要随时保持敏锐，以便这些奇妙的想法在你内心深处显现出来。

多参加一些励志的集会，多认识些认真生活、乐于助人的朋友。尤其重要的是：尽量远离愤世嫉俗的人、爱发牢骚的人、消极的人。这样有利于你培养具有激励性的想法，具有向前冲刺的力量的想法。

在逆境中更要有激励之心，因为在困境中常常会得到平时难以得到的东西。有时激励是以重大打击的形式出现。困境会促使积极的人更用心去思考、更努力去工作。正如莎士比亚所说的"欢乐由逆境而生"，逆境是一种激励的力量，可以使人的精神提升到更高的境界。

不应该放弃自己，不应该对自己的努力抱失败主义的态度。把自己完完全全地展现，没必要保留一部分能力，别害怕让自己进步，别害怕发挥自己的禀赋。不论你要做什么事，永远不能只是打算而已，而要全力以赴。

最好的想法不行动也永远只是空想。为了能获得成功，你必须点燃激励之火，这样才能让你生命的能量达到"沸点"！

要想掌握成功的方法诀窍，首先要从虚心学习开始。因为走在人生路上，你要面对许多考验，解决诸多问题，才能突破局限，走出一片天空。所以要不断学习，在磨炼中成长。

生活在现代社会里，进步快，变迁快，知识和技术容易过时而被淘汰。如果你不肯学习，就注定会落伍。

学习是人成功的基础，人生只有在知识的海洋中遨游，才会最终达到成功的彼岸。人不能仅凭空想、幻觉生活一生，人成功的秘诀就存在于不断地求学、求知之中。

求知能推进、成就人的事业，赋予人生以价值，这里有两个方面的含义：一是求知能使人心灵得到净化，使人身心获得健康的发展。

一个人热衷求知，好学以恒，以学为乐，那么，面对人生知识的矿藏，他的头上就有了一盏不灭的"矿灯"，永远有亮光照射前方，不管道路是多么艰难。

同样，面对人生知识的海洋，他的身上凝聚着巨大的能量，永远有勇气直奔彼岸，无论前途是如何的波澜起伏，哪怕是巨浪滔天；一是求知能使人获得走向成功的方法诀窍。人们通过学习知识，知识将成为跨越障碍、征服险阻的桥梁。

一个人在生命进程中略有成就，已获得一定程度的人生价值，但要有更大的发展，还是在于治学本身，人一时的功成名就并不意味着学习的终止，而只是一种更新、更高学问探索的开始。

"学海无涯苦作舟"才是真正成身于学的精神，"学如不及，犹恐失之"也正是人们应该具备的思想。

学习的动力是谦虚。凡事虚怀若谷，肯向别人讨教的人，总能学到最扎实的知识。你不要小看肯说"不知道"的人，他们学得比谁都勤，比谁都快。

学习不一定要找现成的答案。最宝贵的学习是从你亲自体验中得来的。听来的知识如果没有亲身的体验，那些知识实用价值就不大。

坚持原则使人成功；执着而不懂得变通，却是失败的根源。要解决生活上的问题，必须具备一套有效的工具，这些工具就是由不断学习而掌握的方法诀窍，这对我们坚持完成工作和生活目标，具有决定性的影响。

　　给你自己布置一个理想的学习空间吧！学习是一种习惯，这种习惯将训练出谦卑、尊重与包容的特质，在我们追求成功的同时，给予我们驶向正确航道的方法诀窍。

　　一个人寻求方法诀窍的智慧虽然是无限的，但能够开发的部分还是有限的，一个人的价值判断、社会阅历、人生经验由于受到环境的影响也会呈现不足之处。此外，一个人的专长可能有两种，当面对复杂的社会环境时，这些基本条件就不够用了，因此，只好"借用"别人的方法诀窍。

　　学习别人的方法诀窍，可以弥补自己的不足。很多成功的人都善于学习别人的方法诀窍，像有些公司就专门聘用高级顾问，做重大决策之前必先开会讨论，遇到特殊事件，必找专家研究，这就是在借用别人的方法诀窍。因此也可以说，他们因为善于借用别人的方法诀窍而得到成功。

　　你应该趁早培养一种借用别人方法诀窍的习惯，你可以和若干不同行业的朋友保持联系，把他们组成一个别有特色的"智囊团"。

　　借用别人的方法诀窍来做事，不仅可以使你把事情做得又快又好，还可以使你避免主观、武断！

　　尽管你认为自己才高八斗，虽有别人不及之处，但也有不及他人之处。那就借用别人的方法诀窍吧，这样做的人才是最聪明的人！我们应该怎样借用别人的方法诀窍呢？还是看看下面建议吧！

　　聘用自己的顾问，组成"智囊团"。如果你在某一行业和领域不是内行，却可以找到这方面的专家，请他们为你服务。这种"借用"的代价虽然高一点，但值得！比起为你创造的价值，这一代价就不算高了。

借用朋友的方法诀窍。找朋友帮忙，可以说是最简单的方法了。你做不到的事，他们帮你解决了，这不也是借用其方法的诀窍吗？

多多观察别人的成功模式，然后予以借鉴。走别人已经走过的路，利用他人的成功模式和经验，就可避免一些失败。

把别人的方法诀窍转化成自己的方法诀窍，也就是说，自己在借用别人的诀窍的过程中，顺着别人方法诀窍的启发就可以得到成长，这正是一种快速掌握方法诀窍的绝佳方法！

平庸的人借用了别人的方法诀窍，可使事情做得更周全，换句话说，一个只有60分能力的人，如果借用了别人的方法诀窍，就可能做出80分的成绩。

"智者千虑，必有一失；愚者千虑，必有一得"。个人寻求方法诀窍的能力是有限的，但如果将他人的"借"过来，岂不多了几分成功的机会！

向那些在你所追寻成功的道路上已经富有经验的人请教，能够把问题解决得更好些，可以减少一些困难和失误。所以，要想做一个成功者，你必须善于借用别人的方法诀窍。